CTP
GUZHANG
PAICHU JI
WEIHU

高峰◎著

U0315041

一看就懂
CTP故障排除及维护

高峰◎著

文化发展出版社
Cultural Development Press

内容提要

本书内容提供实际场景和问题图片、案例分析和故障诊断，注重实践，解决生产中的实际问题，易学易用。本书是CTP维修工程师、操作员的良师益友。内容涵盖全面，独立案例；分类精细，易于查找，深入浅出，包含丰富实用的范例代码和技术内幕，帮助读者熟练掌握CTP维修技术，可用作不同技术级别操作人员、院校印前专业或工程师应用、学习和工作中的指导书，也可作为劳动部门计算机直接制版技师认证工具书和各类CTP维修权威必备的参考书。

图书在版编目（CIP）数据

CTP故障排除及维护 / 高峰著. -- 北京：文化发展出版社有限公司, 2015.8
（一看就懂）
ISBN 978-7-5142-1065-1
Ⅰ.C… Ⅱ.高… Ⅲ.计算机辅助制版－印版制版－故障修复 Ⅳ.TS804
中国版本图书馆CIP数据核字(2014)第269362号

CTP故障排除及维护

高 峰 著

责任编辑：郭 蕊		责任校对：郭 平	
责任印制：孙晶莹		责任设计：侯 铮	

出版发行：文化发展出版社（北京市翠微路 2 号 邮编：100036）

网　　址：www.keyin.cn　　www.printhome.com

经　　销：各地新华书店

印　　刷：北京易丰印捷科技股份有限公司

开　　本：787mm×1092mm　　　1/16

印　　张：14

字　　数：233 千字

印　　次：2015 年 8 月第 1 版　　2015 年 8 月第 1 次印刷

定　　价：68.00 元

I S B N：978-7-5142-1065-1

如发现印装质量问题请与我社发行部联系，直销电话：010-88275710。

前言

时间在流逝，技术也在迅猛发展。计算机直接制版早已变成印刷厂实现从手工到电脑出版的现实，CTP具备全新、快速的出版能力，给印刷厂和制版公司更多的技术便利。我们欣喜地看到，CTP的每一次技术创新，都对印刷业产生巨大的推动作用，吸引越来越多的印刷企业加入这一阵营中。

我1995年开始接触CTP技术，至今已有近20年的时间。在这20年内，一直醉心于CTP技术的研究和维修，修理过无数的CTP系统，对其有一定的认识。中医以"望、闻、问、切"辨证施治，现在看来设备维修与之有异曲同工之妙，每每碰到一些CTP的疑难问题，总是把它当作自己的机器来处理或像医生治疗病人一样"诊治"，最后达到让客户满意。时常会有一些问题，它或许就不是问题，别人完成十之八九不能到十，而我能用心来完成，长期的实践技巧，我只能认为维修技术"无他，唯手熟尔"。

在此期间，我在《印刷技术》杂志上陆续发表一些关于CTP维修方面的文章，深得读者喜欢。三年前，偶然碰到印刷工业出版社的郭蕊老师，她建议我写一本关于CTP方面的书，于是开始行动。之前写单篇文章觉得难度还不是很大，没想到要完成一本书真是不容易，最后，在老师的催促和鼓励下终于完成书稿。

此书是我十多年来的一些维修案例的结集，所有例证都是维修过程中碰到的或已验证的问题，书中有些名称及概念用中文表达不够，所以出现中英文混搭的情况，只是为了更好地描述问题和解决方法，相信多数读者都具备这些基础知识的认知。

本书针对CTP的结构和维修方式，分为5章：电路及感应类故障、机械及气路类故障、激光头类故障、软件系统及参数类故障、辅助设备及其他类故障。各章特色如下：

电路及感应类故障：适合工程师的实用操作，侧重于基础电路及相关的感应器技术和特征，提供范例及一些技术内幕，包含丰富、实用的错误代码，帮助读者熟练掌握CTP电路维修中的诊断技术。

机械及气路类故障：侧重于机械和气动特性、技术和解决问题，包含重点、指向性强的错误代码，帮助读者精通CTP硬件中的运动部件技术。

激光头类故障：着重剖析激光头的维修技巧，以帮助提高判断问题根源的能力，提供实际场景、案例分析和故障诊断实验，介绍减少故障的发生及提高修复激光头概率的方法。

软件系统及参数类故障：介绍CTP软件及内部参数，对硬件及电路知识进行补充，从而实现对CTP整套流程的完整性理解。软件是CTP技术的核心，了解软件技术及相关的参数是掌握CTP技术不可或缺的重要条件。

辅助设备及其他类故障：辅助设备也是CTP系统的重要部分。作为CTP的维修工程师，能够维修完整的CTP系统才算是合格的。显影机系统、冷却系统、空压系统、空气过滤系统等辅助设备是CTP不可分割的一部分。本章涵盖所有的外围设备维修方法。

本书并不是一本CTP技术入门的基础书，而是一本直面问题的参考教材，其中问题力求体现实用、实战，语言直白简练，我始终认为，本书任何一个案例，如果能在生产实践中帮到您，都是有价值的，读者不需要通篇阅读，遇到类似的问题可以按书中目录查找解决方案。当然，CTP设备的预防性保养和维护才是最重要的，如果能未雨绸缪，防患于未然，对于设备和印刷厂来说是最好的维修法宝。同时，也请把您对这本书的感受告诉我，我期待着和您分享，联系信箱：feng.gao@139.com。

尽管注入了大量心血，但疏忽纰漏之处在所难免，恳请读者朋友提出建议和批评。本书在创作和编辑过程中得到了深圳拓匠印前科技有限公司的大力支持。本书能够顺利出版，更是得到了家人、幕后人员以及现场工程师朋友们的支持，他们是徐新星、刘国雨、郑诗良、徐畅、时洁等。在此，对他们的辛勤劳动一并表示衷心感谢！我们将和大家一样，时刻关注CTP技术发展的最新动态，持续保持自己的技术动力！

高　峰

2015年5月

目 录

第一章 电路及感应类故障

第二章　机械及气路类故障

第三章　激光头类故障

第四章 软件系统及参数类故障

第五章　辅助设备及其他类故障

术语表

第一章

电路及感应类故障

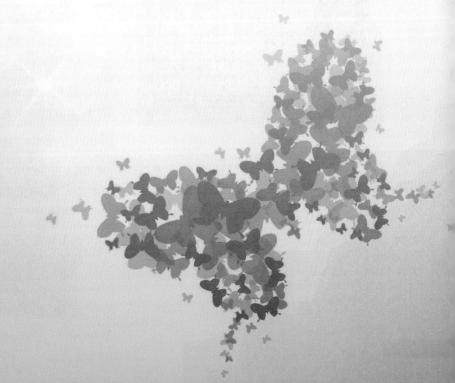

概述

电路部分是CTP中最重要的控制部件，它不但控制设备的机械动作，还控制CTP的激光部分以及一些辅助的设备，还能接收从电脑流程发送过来的文件，并对其进行运算，所以它就是CTP的大脑。感应器件则能够精准地控制设备的一些位置和动作，同时也能很好地保护相应的部件，所以把这两个部分列在一起能有效地帮助大家对这些器件进行了解，从而解决遇到实际的问题，在CTP中主要有以下的这些电路和感应器。

MCE主板。CTP的主控板，对所有的动作、激光、气路进行全面的控制和检测。

供电电源分配板。对整机所需的电路进行分配供给，提供所需的交直流电压，且接收主板指令进行控制，分配输出多路电压。

功能扩展板。当主板的功能达不到开发时所需的要求时，对主板进行扩充。功能扩展板的功能是主板功能的一部分，通过总线和主板连接在一起。

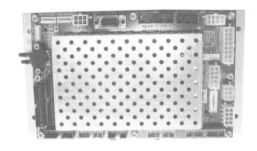

鼓马达驱动器。主要对鼓的马达进行同步控制且实时监控马达的状态，它的运作数据也是由主板来完成。

丝杠电机驱动板。和电机驱动器有相似的地方，不过它的驱动只限于步进动作，并不提供编码控制，完全由主板来提供数据。

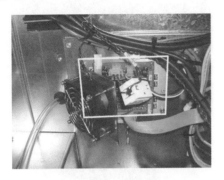

开关电源。从电源分配板分配的电压，由开关电源来变成所需的直流电压，基本上提供一路24V和一路48V，而电流根据要求来确定。

电机制动器。电机制动器是由一组电阻来完成的，就是当电机突然停机时所反馈的电流由它来消耗，通常用于较大幅面的CTP中。

鼓电机。鼓的驱动电机，其电压输入是由控制器来完成的，早期的CTP用的是110V电压，新款的都用220V电压，但输出到电机的电压最高可达到340V，根据电机的速度来改变。

丝杠电机。丝杠电机是一个标准的步进电机，但是其电流较大，可以由控制器完成正反转。

自动卸版台电机。和丝杠电机基本一样，只是它的控制是由扩充板来完成的，用于推动版材卸载后的动作。

温度感应器。用于感应机架和丝杠的温度，保证机械动作及版材的缩放在标准的范围内，激光头内部也有温度感应器存在。

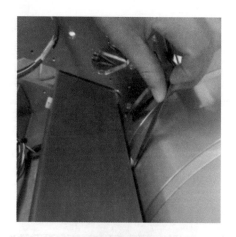

湿度感应器。用于感应机器内部的湿度，一般自动上版机中会有这种部件，激光头内部也有湿度感应器。

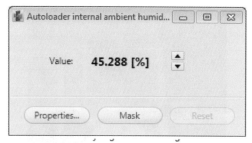

胶辊位置感应器。和尾夹感应器是同一类型的器件，用于感应胶辊是离开鼓的位置还是接近鼓的位置。

TH2 > volt
+40V 39.72 Volts
+5V 4.93 Volts
+3.3V 3.31 Volts
-5V -4.89 Volts
Vpp 0.00 Volts
+15V 14.90 Volts
Humidity 1.34 Volts
*** Command Success ***

尾夹位置感应器。用于感应尾夹的状态，尾夹是在鼓上还是在支架上由上面的6个感应器来完成。

头夹位置感应器。和胶辊感应器也是同一类型的器件，用于感应头夹是离开了鼓的位置还是接近鼓的位置。

丝杠位置感应器。阻挡型感应器，用于检测丝杠底座是在起始位置还是处在越位的位置。

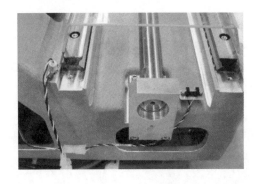

外盖感应器。检测外盖是否在正常的位置，早期的产品是用磁感应器，现在的产品用的是开关锁。

退版门感应器。检测退版时，退版口的门是否在正确的位置上。

飞版感应器。检测异常的版材弹出，版材异常弹出时飞版感应器会发送命令使CTP的动作失效且有相关的提示（如鼓停止，无法操作下一步的动作等）。

1. 版材中图文被破坏且有非文件内的像素

版材中出现的图像或文字被破坏且有非文件内的像素，如下图所示：

原因分析：

这种类型的故障在批量性的设备中发生，所以做一些相关的调整和更换就能够彻底解决。

解决方案：

造成故障的原因是由于连接PS电源到激光头支架的驱动板之间的连接线问题，按以下操作执行：

（1）关掉机器电源打开左边的电源箱；

（2）松开固定开关电源开关的两颗螺丝；

（3）剪掉固定连接电缆的扎带；

（4）断开连接到丝杠驱动板的连接线和MCE主板上的J13；

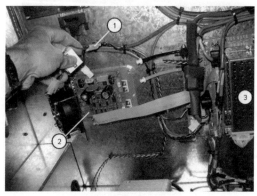

①支架电源的电缆线
②支架电机驱动板　③MCE主板

（5）连接新的线到丝杠电机驱动板，然后将线引到开关电源背板；

（6）小心拧开PS2电源的输出端螺丝，固定垫片不要遗失；

①PS2开关电源

（7）按照之前的连接，把电缆线连接到PS2开关电源，棕色线在上，黑色线在下，加垫片固定在接线端上；

①48V电源线

（8）用扎带将连接线固定在背板和其他连接线上；

（9）在电源的背面排列扎好新的连接线；

（10）打开CTP的电源开关；

（11）检查电机驱动器的功能是否正常，循环输入命令：carriage init和carriage move to 100。

本例故障中如果很有代表性，是很容易发现的，真正的原因是连接到支架驱动器的接头紧固度不够，如果不想更换这条连接线，用扎带把这个接头重新扎紧固定也能够解决此类问题。

2. CTP曝光后的版材中丢失部分图像

CTP曝光后的版材中丢失部分图像，如下图所示：

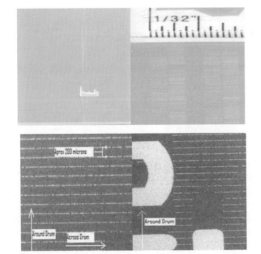

原因分析：

从流程中传输的资料数据的问题，有时候可能会出现以下错误：

38150 MPC: Image data sent to the head was possibly corrupted（发送到激光头的图像数据可能损坏）。

从工作流中发出来的数据，可能由于数据路径的问题损坏，通过以下几种途径诊断：

（1）MCE主板和Print Console接口软件。

 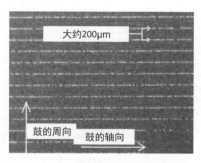

发送一个相同的文件，以相同的设置多次发送到CTP中，直到有正常版出现。

（2）MCE 和CS Xpose曝光软件。

a. 打开Service Shell文件夹中的Device_xxxx_xx_xx.log文件；

b. 打开printconsole.log记录文件，查找`Raster CRC`参数，分别找出问题版和好版的参数；

c. 对比两个参数。

（3）如果Print Console 版本低于3.10，需要更改注册表参数：`HKLM\Software\Creo\PrintConsole\V2.0\SCSIConfig\PerformCRC16Check`，设置0 到1。

device_2013_10_20.log	2013/10/20 19:12	文本文档	2 KB
device_2013_10_21.log	2013/10/21 21:09	文本文档	8 KB
device_2013_10_22.log	2013/10/22 23:04	文本文档	8 KB
device_2013_10_23.log	2013/10/23 21:21	文本文档	616 KB
device_2013_10_24.log	2013/10/24 12:51	文本文档	3 KB
device_2013_10_25.log	2013/10/26 3:00	文本文档	3 KB
device_2013_10_26.log	2013/10/26 21:30	文本文档	2 KB
device_2013_10_27.log	2013/10/27 15:51	文本文档	5 KB

解决方案：

（1）如果参数不同，可能是SCSI传输数据线问题，更换线之后再考虑更换SCSI卡以及MCE主板；

（2）如果参数相同，同时又报错38150，需要检查Hotlink连接线，必要时考虑更换；

（3）如果参数相同，而没有报错38150，需要检查的当然是流程中的设置，问题不会出现在Print Console 及CS Xpose、MCE和Hotlink以及激光头上。

最后我们在检查过程中也发现了传输数据线有些磨损，更换了Hotlink 同轴数据传输线之后，设备运行正常。

3. CTP曝光后的版材中图像在主扫描方向出现位移

曝光后版材中的图像出现移位，位移的图像在主扫描（Mainscan）方向，如下图所示：

原因分析：

图像移位是一个综合性的问题，它涉及硬件软件及一些底层的固件，但从本例的情况看，我们分析问题出在硬件上，并且做下面的分析和检查：

（1）检查丝杠驱动器的供给电源电压是否正常；

（2）检查鼓的编码器，如果编码器出现问题，可能显示一些和鼓有关的错误信息。编码器如下图。

IMAGE：P11 is not able to track dram motion（16011错误）P11无法跟踪鼓运动。

解决方案：

我们可依据这些信息检查、校正和其有关的部件：

（1）调整鼓的皮带，如果有专门的仪器可以将皮带张力调节到70Hz；

（2）松开编码器的固定螺丝；

（3）检查编码器固定杆；

（4）检查鼓的参数，用`set drum`确认所有的参数没有被更改；

（5）校正固定杆的位置；

（6）检查drum Spin的速度是否在标准范围内，用drum Spin 100以及pll on命令。

在保证小车的驱动和连接线没有问题的情况下，在下载了新的参数后，问题没有得到解决，此时更换编码器，重新调整零位后，设备运行正常。

以下附上检查编码器的检查方法。

鼓对齐到参考点：

（1）打开顶部和后部检修面板；

（2）卸下电箱盒检修面板；

（3）取出电源的面板就可看到编码器；

（4）`drum idle`命令使鼓处于闲置状态；

（5）释放辊和制动器；

（6）定位滚筒，使得边缘检测条的顶部是在丝杠一边（垂直上方的轨道68mm）；

（7）MPE设备中输入`rlr on`，稳定鼓在这个位置或MCE设备中输入`roller on`。

检查编码器：

（1）使用9V电池传感器测试冶具连接到编码器的连接线上。

（2）验证编码器的对准。传感器测

试仪上的光应为打开状态。

接通状态意味着，编码器上的索引位置正确而不需要调整。转到下一个步骤，如果传感器检测仪指示灯正在闪烁或关闭，需要对齐编码器。如果编码器不能对齐，则需更换新的编码器，并调整编码器的内轴使冶具的灯一直亮。

（3）从编码器电缆断开编码器指数适配器夹具，并重新将编码器电缆连接到J4上的背板上，或将J20连接在MCE板上。

当然，如果是编码器的问题，通过以上的步骤更换新的编码器，问题就会迎刃而解。

4. CTP输出的版材上完全没有图像

CTP中所输出的版材上完全没有图像。

原因分析：

如果流程中发出的是正常的文件，曝光过程也是顺利的，我们可以使用Service Shell诊断软件来检查激光的打开和曝光是否正常，如果这些都是正常的，则可以肯定的是激光头内部激光某一处中断，如果有条件可以做如下检查：

（1）检查BBC Shutter快门是否停止工作或者堵住激光头。可以在诊断软件中输入 `shutter close/open` 的命令，看命令是否能完成，同时能否听得到shutter的动作声音。

（2）检查曝光激光是否在有效状态，有时候把激光头（1.7版本）`Set Head wenable` 关闭或（2.0版本）设置 `Set sys laser Disable` 都会有这种情况。当然这种情况是工程师在诊断的时候关闭了激光才有可能出现。

（3）检查NVS参数，恢复到之前能用的状态。

（4）检查鼓的速度有没有被更改。

（5）检查激光头的资料传输同轴线hotlink是否连接正常。

解决方案：

正常情况下，如果机器连续曝光几十张版，偶尔会出现一两张白版，也就是曝光发送文件过程是正常的，偶尔输出来的版上没有任何内容。

通过对前面"版上没有图像"案例的分析，不难发现问题，要么是激光被挡，要么是没有激光，但本案例只是偶然现象，所以问题的根源应该在以下两个方面：

（1）传输文件没有被MCE主板接收后发送到激光头。

（2）机器激光头内部安全装置瞬间断开后又恢复。

通过对维护日志（service log）的仔细排查，如果发现有一行Head softy loop open的错误，故诊断为第（2）种情况，这种情况主要是激光头内部电路板故障或外部供电原因造成，必要时可更换激光头或维修内部主板。

5. CTP设备在工作时突然报温度传感器开路错误

CTP设备在工作时突然报以下错误：

Thermal 2 Errorcode: [02323] The temperature sensor is open-circuit (WLP fault)（温度传感器开路）。

原因分析：

根据报错的信息，我们可以很清楚地认识到，这种原因是因为激光头的温度过高而导致的报错，于是在Service Shell的日志中也记录了这个错误的信息，如下图：

```
f 20Dec13 09:19:59.140: <GNCE>   [EHI:The exposure head is offline]
f 20Dec13 09:20:03.171: <GNCE> C HIM: Head initialized successfully
f 20Dec13 09:20:03.703: ClientId=17341152 IP=192.168.100.209: Authorized for safe access.
f 20Dec13 09:20:03.703: ClientId=17341152 connected from [ctp_tt1018]Versioner
f 20Dec13 09:20:03.718: ... received SVSH_GetFile
f 20Dec13 09:20:03.718: ... Translating [$DEVA] to [creo_deviceinfo_client.ini]
f 20Dec13 09:20:03.718: => FileName = creo_deviceinfo_client.ini
f 20Dec13 09:20:03.718: => File length = 795 bytes
f 20Dec13 09:20:05.250: <GNCE> C HIM: Fatal head fault occurred: 36
f 20Dec13 09:20:05.375: <GNCE> *** Unsolicited Message 44302 Fatal
f 20Dec13 09:20:05.375: <GNCE>   [CEH:Fatal Fault [02323] Laser Diode: The temperature sensor is open-circuit ( WLP fault )]
f 20Dec13 09:20:05.375: <GNCE> [02323] Laser Diode: The temperature sensor is open-circuit ( WLP fault )
f 20Dec13 09:20:05.625: <GNCE> Datalink: exposure head coming online (binary mode)
f 20Dec13 09:20:05.812: <GNCE> C HIM: TH2 version 1.12b Release is ready for plotting
f 20Dec13 09:20:06.046: <GNCE> S MPC:   Detected 2400 DPI head
f 20Dec13 09:20:06.500: <GNCE> C PRD: Power supplies are on!
f 20Dec13 09:20:07.265: ClientId=17341152 disconnected from [ctp_tt1018]Versioner
f 20Dec13 09:20:10.296: <GNCE> C CFL: Feature Query Complete.
f 20Dec13 09:20:59.078: <GNCE> C WMD: Workstation Command: h=00 053Ah 'Property Get'
f 20Dec13 09:20:59.296: <GNCE> C WMD: Workstation Command: h=00 053Ah 'Property Get'
f 20Dec13 09:21:48.671: <GNCE> *****Version Info Start*****
```

这个命令是查看激光头的设定温度，设定温度没有改变，意味着激光头的恒温系统出现了问题。

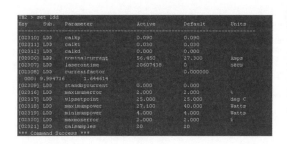

解决方案：

而激光二极管驱动器启用后，WLP固件已检测到激光二极管温度传感器开路。为了防止由于过热失控结果损害曝光头，这个错误被认为是致命的。

作为致命故障的结果，该激光二极管驱动器会中断系统故障处理程序，也将关闭曝光头。此错误代码也返回到主机作为一个自动反馈的致命错误。

这类错误最常见的原因是：

（1）没有足够的冷却剂。需要检查冷却液是否达到标准的位置，如果冷却液低于最低线，就需要增加冷却液，同时查找冷却液减少的原因。

（2）空气滤清器不干净。冷却的外部问题是靠环境的空气温度来降温的，如果空气滤芯不干净，一定会使激光头的温度升高。

（3）循环泵发生故障。泵或者电机不工作都会导致该问题的发生。

冷却液过滤器堵塞。用于与序列号300或更小的TH2头，冷却剂管路可能会由于腐蚀阻挡循环。

通过以上几个方面的检查及诊断，最后发现循环泵的电机与泵的连接处磨损，表面看电机正常工作，但是泵没有和电机一起旋转，导致循环不良，更换循环泵后，测试机器工作正常，查看激光头的温度也处在正常的状态。

```
ldd info
TH2 > ldd info
LDD: Control Mode=Off
LDD: Control Status=Off
LDD: WLP Status=Normal
LDD: Last Shutdown State=None
LDD: Laser Current=0.000 Amps
LDD: Diode Temperature=24.8 C
LDD: Laser On Time=5724.3 Hours
LDD: WLP Firmware Version/Revision=D/B
LDD: Cold Plate Temperature=11.3 C
LDD: TEC Current=0.0 Amps ( Not Available )
LDD: Setpoint Temperature=25.0 C
LDD: Product Model=SQUAREspot Imaging
LDD: Head Model=SQUAREspot Imaging
*** Command Success ***
```

6. CTP设备在工作时报车架碰到限位器错误

CTP设备在工作时报以下错误：43308 CRG: Carriage travel limit (<xxx>) unexpectedly hit<xxx> = home, away, none, or both.

原因分析：

（1）设备CRG模块的固件版本过旧而导致的错误；

（2）支架小车系统的驱动电机损坏或超出校准范围；

（3）支架小车两端的限位和零位开关失灵。

解决方案：

着重以下步骤的检查：

（1）如果小车并没有移动而报错误43308，用home或away端限位传感器检测车架，用命令carriage查看MCE>> carriage Current carriage status:（小车当前状态）。

```
----------------------
Hdwr ver = 1.10 State = 0 Position = invalid (not initialized)
Velocity = 0.000 (mm/sec) Edge pos = 0.000 (mm)Home lim = FALSE
Away lim = TRUE NOT Initialized No valid carriage plot params
*** Command Complete（命令完成）
```

在上面的例子中，前两行开头的CAR_&在状态栏显示1，表示连接到传感器的电缆存在。如果传感器故障或没有连接，0会显示在状态栏中。CAR_显示0的CAR_Sensor-AwaySide1 CAR_SensorHomeSide State〔小车Home端（起始端）传感器1小车Away端（结束端）传感器状态〕，表明车架挡住了Home端限位传感器。

（2）检查该装置的日志文件。确定症状的情节发生在安装或返回过程中，换句话说，不是回车初始化。如果它确实发生在曝光或回扫过程中，那么很可能的原因是在前期1.68版本车架模块已知的bug。确定发生症状时，边缘检测位置比对同一版材的附近症状无负荷显著不同。

（3）从服务界面中执行版本检查。对于全胜报业，如果软件版本为3.0或更低，然后这种症状的原因可能是固件的bug。

检查事件日志，可能是由于小车性能的其他错误，寻找出以下错误。

38135 MPC: The media is positioned incorrectly along the drum（MPC：版材沿滚筒上不正确地定位）。

38166 MPC: Carriage position is wrong - carriage has probably stalled（MPC：小车定位错误——小车可能有故障）。

（4）检查小车NVS参数。更正任何未设定产品的预设值。请检查车架是否被锁住（Home端、Away端、两端）Home端或Away端传感器有没有被阻挡住。如果没有的话，该传感器可能已损坏。

（5）初始化小车命令：如果第一次失败，重复命令carriage init（小车初始化）。如果初始化成功，可以继续执行第（7）步，但是，如果时间允许，考虑在第（6）步执行行动。

（6）做最终的检查：

• 车架位置
• Home端或Away端的感应器
• Home端或Away端的感应器的连接线
• 车架运行表
• 车架驱动皮带的张力和磨损条件
• 柔性轨道
• 轨道传输

- 如果小车架被锁定在某一端，手动旋转滚珠丝杠将其释放。
- 如果零部件都超出范围，就需要进行调整。
- 如果部件损坏，则需要更换。
- 初始化车架命令：如果第一次失败则多次重复`carriage init`命令。

（7）测试车架系统的功能：

a. 运行循环测试命令：`carriage moveto <position>`，从近端到远端往返100次。

b. 检查。如果`carriage moveto 0`成功，说明问题得到解决。

通过以上的案例，我们可以清楚地分析出问题的所在，在这类情况中，无外乎发生在对小车支持的软件，但这种情况很少，厂家也会在相应的时间发布最新的更新，另一方面就是硬件部分，在一些使用时间较长的机器上会出现硬件损坏的情况，而感应器和线的问题是最常见的，我们在检查时需要特别注意，也可以通过以上的步骤轻松解决。

7. 自动上版有很大的异常声响

自动上版时，CTP机器有异常的声响，直接影响工作。

原因分析：

客户报修CTP机器每天都会有数次发出刺耳的声音，像是放鞭炮一样，此时机器无法工作，但Print Console上也无报错，一般设备重启后即可正常工作。发出异响时分离臂（separate arm）有时会无故打开，另外，有时台面（table）也会无故升起，因此初步判定可能是Genine board的缘故。

解决方案：

主板（Genine board）主要提供以下一些功能：

（1）提供输入和输出的所有传感器和执行器的自动加载出版材机的所有组件。

（2）接收电源。

- 24V 输入电源
- 24V 安全（驱动所有执行机构和指示灯）
- 48V 驱动步进电机及参与24V安全电压的分配

LED指示灯的功能：

pwr=电源供给，如果这个没有，就必须更换电路板。

cancom=通信左端口，用于和MCE之间的通信。

heart=监听功能，应该是闪烁1秒，停1秒。如果指示灯闪烁错误，它是在一个恒定的引导boot模式。需更换主板。

intr= 中断功能，应是浅橙色灯一直亮。如果是红色的，请更换主板。

debug/service= 不应亮起。如果是一直亮红色，请更换主板。

Reset= 重新启动状态。

1. 在设备中访问Genine的一些参数。

2. 确定Genine主板是和更换的主板是一系列可用的，可查看系列号是否正确。如下图所示：

3. 关掉CTP的主电源。

4. 戴防静电腕带，卸下Genine板上的连接线。

5. 取出Genine板并检查热传输铝件的安装板，取下背面透明传送垫。如下图：

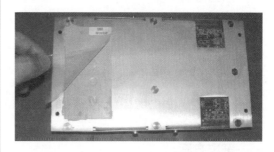

6. 将新的Genine板安装到原来的位置并连接所有的线缆。

以上工作完成后检查Genine以下几项：

（1）和PDB之间的连接，通常会报错：[23204] SCON: Failed to establish SCON communications（SCON：不能建立与SCON的通信连接）。

（2）连接线松脱：[22202] ALE2: GENINE %d satellite board %s cable disconnected（ALE2：Genine卫星板某电缆断开）。

（3）检查及更新Genine的固件，使用命令>>list version（列出版本号）。

以上一些错误和信息都是诊断这类主板的主要依据，如果在使用过程中发生类似的情况，我们可以先行检查再根据情况更换。

8. CTP设备在工作时或者在飞版后报错

CTP设备在工作时或者在飞版后报错：Flyoff occurred, remove media （发生飞版故障，需要手动取出版材）。

引起飞版传感器触发是由版材或其他异物触发飞版传感器所致。

原因分析:

发生飞版的情况，可能有几个原因:

（1）版材加载不正确。

（2）版材不是处于良好的状态。

（3）真空不够强，检查确保空压机正常工作。

（4）鼓转速太快。

解决方案:

按照提示从机器中取出版材，弹开头夹检查是否正常。如果头夹部分夹住版材或者是尾夹的力量不够，则需要更换新的尾夹。清除飞版时的报错用Flyoff Clear命令。

如在以上的一些解决方案中找不到正确的答案，根据以往的修理经验，发现若没有发生版材脱落或没有触发飞版感应器，也会出现这类情况的故障，我们则需要检查飞版感应器本身和连接线，这种情况很少，但也有发生过。

9. 鼓未达到指定的位置

CTP设备在工作过程中报错: Error #37716: DRS: Drum failed to reach position（DRS: 鼓未达到指定位置）或者在一些类型的设备中报: Error #40636: MDH: Drum not at expected position, position may have shifted because of outside interaction.（MDH: 鼓未在预定位置，位置可能因外界动作而移动）。

原因分析:

通过字面的解释我们看到应该是鼓未能到达所要达到的位置，和鼓相关的部件包含以下几个部分:

（1）鼓驱动器: 鼓放大器坏了或信号过弱。

（2）鼓电机: 有噪声或+5 V输入或PWM信号线出问题，导致鼓放大器进入一个不确定的状态。

（3）刹车电路: 鼓制动器出问题或部分有问题。

（4）供给驱动器的电源: 供给驱动器或电机的电源不正常。

（5）有东西阻碍鼓的自由移动: 胶辊和TEC都有可能。

解决方案：

（1）单击继续，看是否解决了这个问题。

（2）如果仍然不能工作，将设备复位。

（3）如果设备无法初始化，因为滚筒移动失败，请检查上面列出的所有机械原因。

（4）如果怀疑鼓放大器坏或信号过弱。

a. 关闭设备。

b. 打开电源箱面板，并打开电源开关。

c. 在服务程序中，使用鼓初始化命令drum init（鼓初始化）初始化鼓的运转。

d. 如果鼓初始化过程中移动失败，用一面小镜子来检查感光鼓放大器状态指示灯。黄色硒鼓放大器状态指示灯位于附近的控制信号接头J5（中间附近）鼓驱动器的顶部。

e. 在正常运行模式（鼓初始化后），黄色LED灯亮。

f. 如果鼓驱动器在初始化完成后LED指示灯不亮或闪烁，可能鼓驱动器发生某些类型的错误。

g. 如果错误仍然存在，请更换鼓驱动器。

这个驱动器的功率比较大，一般也不会轻易损坏，但是如果电机的线圈出现问题，可能会导致驱动器损坏，所以如果电机出现了故障首先需要更换电机，再更换驱动器。如果有条件也可以更新驱动器的参数。

10. CTP设备在工作过程中报鼓超速错误

CTP设备在工作过程中报错：Error #37716:DRS: Drum Velocity Error Exceeded（DRS：鼓超速错误）。

原因分析：

鼓在旋转时超出最大允许伺服控制误差，如果设定的参数和工作的参数不一致，就会报出这个错误，通常的情况下，这个参数是自动调整的，如果有问题可查看以下相关部分：

· 是否有阻碍滚筒自由转动的情况：比如胶辊是否压到鼓上。

· 鼓制动器制动失灵：制动器是保证鼓在停止后的旋转电流释放，如果电阻老化，可能会导致制动失灵。

- 鼓驱动器损坏或功率失衡：驱动器的模块老化。
- 编码器指示不正确的位置：鼓编码器不在初始化的位置。
- 滚筒移动后被发送到装载位置：装载时ramp会贴近鼓的表面，所以会出现转动失败。
- 上版时的位置设置不正确：如果上版的位置不正确也会导致问题的发生。
- 鼓完全不动：因为鼓驱动器已经完全失效或处于未知状态。

解决方案：

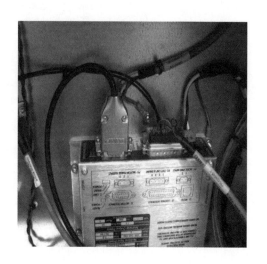

首先确定上版的正确性，同时用命令 >>Load 800 1030 calibrate（载入 800 1030校准）校正版材的准确位置。

设定电机的扭矩，用命令：>>set drum maxpacc（设置鼓最大扭矩）从20 改为15，如果电机能正常旋转，表明电机 内部出现了问题，需要更换电机，本例的 故障也是由于电机的原因引起的，更换电 机后设备运行正常。

附加知识：

如果你加了安全钥匙，鼓的速度就被限制在100r/min，如果超过了这个速度，就会产 生这个错误，鼓控制自动切换到待机模式。

伺服回路（Servo loop）：控制滚筒转速、编码器检测位置和速度，并发送信号到数 字控制器。来自控制器的输出被发送到所请求的驱动器，将所请求的驱动器信息转换成 驱动电流，驱动电动机运动。编程的速度和PID系数都存储在鼓NVS模块中，有四组不同 的伺服PID系数。

（1）速度模式（Speed mode）。

用于锁定鼓到设定的速度旋转命令时的工作检测。

（2）位置模式（Position mode）。

用于保持滚筒在一个指定的位置上旋转。

（3）软件模式（Soft mode）。

用来保持住鼓缓慢移动时可能发生的机械阻力和较大的电流，例如，加载版材时。

（4）霍尔模式（Hall mode）。

用来运行从脉冲信号测速编码器反馈的电动滚筒霍尔效应，确定鼓的旋转和停止 状态。

鼓的常用命令：

Drum idle（鼓闲置）：保持鼓在一个空闲的状态，如果没有此命令，鼓被锁在某一个停止电流工作状态，打开此命令，鼓能随意旋转。

Drum stop（鼓停转）：让鼓的所有动作停止。

Drum init（鼓初始化）：初始化鼓，当问题发生时，常常用到此命令。

Drum spin xxx（鼓转速xxx）：让鼓以某一速度运行，如果在安全模式下，只能用100r/min的速度。

Drum move xxx（鼓转动到角度xxx）：让鼓从当前位置移动到指定的角度。

使用默认的鼓驱动器参数，调整电机的启动扭矩到正确的数值，如果驱动器中的LED处于正常的状态，可能需要更换鼓驱动电机。

11. 全自动CTP下版时电机触碰到远端传感器

自动上下版的CTP在下版时偶尔报错：Error #40016: SMC: Motor unexpectedly hit the away sensor [<str>] （SMC：电机意外地触碰到远端传感器）。

原因分析：

电机在下版时超过限位开关，同时会有撞击声，有以下两种原因：

（1）下版台步进电机传感器或电缆故障，无法确认电机位置；

（2）一个新的MCE控制软件装在老的设备中，已经安装了旧的24齿卸版台步进电机皮带轮，而不是新的16齿输出设备上的滑轮。较新的CR默认NVS参数与旧滑轮不兼容。

解决方案：

一种解决方案是MCE CR 2.0 或更高版本(TS AL) 甚至 2.1 或更高版本(TS NEWS) 安装在有旧滑轮的输出装置上。

确定输出设备是否有新的固件和旧滑轮。

在Service Shell服务程序中，使用版本检查工具（Version Checker）查看目前使用的是什么版本的控制软件。

检查输出设备的序列号。如果是TM259或更高版本（全胜AL）或NM126或更高版本（全胜报业），它应该已经有了新的16齿卸版台步进电机皮带轮。如果设备的序列号早于TM259或NM126，目视检查滑轮，看它是否是老24齿的版本。如下图：

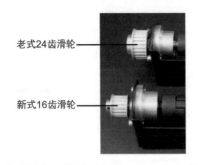

老式24齿滑轮

新式16齿滑轮

如果输出设备有MCE CR 2.0或更高版本（TS AL）甚至2.1或更高版本（TS报业）进版和卸版台步进电机皮带轮是老24齿的版本，启动Service Shell更换mhauto NVS参数，使其能够适应24齿的版本齿轮，参数如下：

```
set mhauto UnloaderSPM 1.7
set mhauto UnloaderMSR 4
```

也可以订购24齿的皮带轮来解决这个问题。

在安装新的皮带轮和皮带指南后，必须确保mhauto UnloaderMSR设置为2，andmhauto UnloaderSPM设置为2.55（这是升级过程中所述），否则有损坏电机及连接线的风险。

当第二个原因的问题发生时，设备可能报感应器的错误，我们可以采取屏蔽的方式来看是否是感应器的问题，需要用到scan命令，格式如下：

```
scan AL_SensorTravellorHome  bon
```

如果屏蔽后设备能够工作，就表明需要更换限位感应器，而更换后问题如果依然存在，就需要检查电机的运作是否正常，通常情况下，电机接口线出现问题的概率很高，因为这个电机在停止时会有一个停止电流在工作，所以有时候会烧坏这条线，必要时需要更换这条线，而往往电

机损坏的概率不是很高，如果电机完全不能工作，则需要更换电机。

更换步骤如下：

（1）在卸版台找到步进电机。

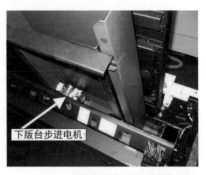

下版台步进电机

（2）从步进电机断开以前安装电缆的连接器。

步进电机接线

缆线由此布线

（3）从GENINE板的电源盒拆下旧电缆的另一端。

GENINE板接线

（4）移除旧的线缆。

（5）连接新的线缆到步进电机。

（6）借道与旧线相同的路径，另一端连接到GENINE板在电源箱的新电缆。

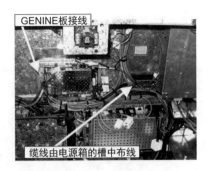

GENINE板接线

缆线由电源箱的槽中布线

（7）整理线路，完成更换。

更换完成电机后，我们可以明显感觉到电机在停止状态下的电流减小，发热量低很多，所以故障也就消除了。

12. 曝光的版材出现错位黑线

在全自动CTP设备中，曝光的版材有时会出现错位的黑线。如下图所示：

原因分析：

在CTP设备中，细黑线是常见的问题，我们通常认为在激光头部分的可能性比较大，但由机械部分的动作引起的也不少，至少在本例中，在更换了激光头却没有改善后，改变了维修策略，从激光头小车到丝杠的支架都做了分析，最后决定更换起始端的支架。本例中还全面讲述如何更换支架和丝杠电机两个完整的解决方案。

解决方案：

滑架电机的作用是使托架沿丝杠动作，丝杠电机是一个24V的步进电机。此电机是一个开环控制，制版的吞吐量使其省去了一个编码器。

以下步骤说明如何移除和更换托架电机总成。

（1）打开Magnus 800的右侧门。小车丝杠电机组件位于托架梁上，靠近右侧门。

（2）两个连接器位于所述滑架电机组件的下侧。一个连接器标记为步进电机，其他连接器标记为步进风扇。从小车电机组件断开两个连接器。

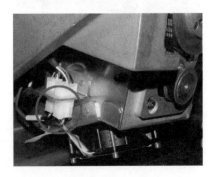

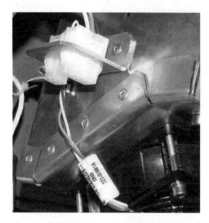

（3）使用4mm六角扳手卸下风扇固定框的4个螺丝。

（4）小心地将风扇框放在靠近制版机的地板上。将风扇框与通向托架电机总成的连接器断开。

（5）使用8mm套筒棘轮取下固定托架电机总成托架梁的4个螺母和垫圈。

（6）取下小车皮带，并小心地从制版机上卸下电机总成。

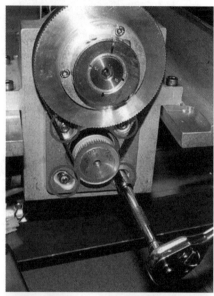

（7）滑动螺杆组件，使其与丝杠电机脱开。

（8）更换电机和支架组件。

①重要提示：除非另有说明，否则需要用乐泰242胶水固定所有的螺丝。

②安装螺丝装配到支架电机。

③在制版机安装托架电机总成，并拉动小车托架电机皮带。如第（6）步所示。

④使用8mm套筒棘轮插入并拧紧4个螺母和垫圈固定托架电机总成以及托架梁。如第（5）步所示。

⑤用皮带张力夹具增加托架电机皮带的张力。确保夹具的两个螺丝完全拧紧，才能实现正确的张力。如果没有工具，可以将拉力调到12kg，见下图。

⑥确保螺母正确定位在夹具内。

⑦使用8mm套筒棘轮固定滑架电机，取下皮带张力夹具，将接头插入从小车电机总成进入风扇框的连接器插座上。见第（4）步。

⑧使用4mm六角扳手将4个螺丝安装在风扇框支架轴承箱的底部，注意线的布置。

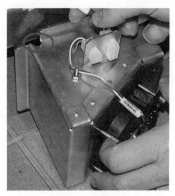

⑨将步进电机连接器和步进风扇连接器连接到托架电机总成上。

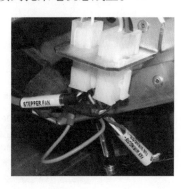

⑩在控制器软件中，打开支架电机对话框并初始化支架电机，发送电机命令，（Carriage move to ×××）移动到away（结束端）检测器处，并确定小车滑架能平滑而连续动作，关闭右侧门，完成电机的安装。

最终测试：

加载一张最大的版材，并运行plot 1测试，曝光版材，检查下列各项：

（1）图像整体质量。

（2）小车滑架运动是否平滑而连续。

在这种情况下，如果能够将取下的支架做简单的清洁处理，只要电机没有磨损，轴承对装后还可以继续使用。

13. CTP全自动设备在曝光时报错

CTP全自动设备在曝光时报以下错误：

#4687: The drum monitoring system was activated because the drum driver is protected from an over current.（鼓监视系统触发，因为鼓驱动器受保护防止电流过载）。

原因分析：

很多人认为，只要设备哪个地方报错，就一定是哪个地方的问题，但是在一些个案中，只能理解为和它相关的部件，而不能一味认为就是驱动器有问题，这个问题存在的可能性如下：

（1）制版机状态为错误的警告。

（2）鼓电机不动。

（3）该DSSB板被锁定。

（4）会出现错误信息。

（5）重新启动制版机后，状态可能会返回到就绪或留在警告。

（6）电缆JI到DSSB和J2到MSB_MB之间的连接有问题。

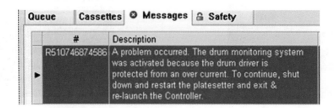

解决方案：

（1）退出Magnus 800控制器软件并关闭制版机。

（2）手动打开左边的门。

（3）打开电源箱，并更换JI到DSSB和J2到MSB_MB电缆的连接线。

（4）打开制版机，启动Magnus800控制器软件，并验证该鼓不会出现监视错误。

（5）制版机状态必须为"准备好"。

（6）如果继续出现鼓监视错误，替换以下部件，直到问题得以解决。顺序替换以下组件。替换每个组件前，请务必退出Magnus 800控制器软件，并关闭制版机，然后打开制版机，并启动Magnus控制器，以验证该鼓不会出现监视错误。

DSSB board（驱动板）如下图：

MSB board监控板，如下图：

Kolmorgen driver（驱动电机控制器），如下左图：

Drum motor（鼓电机）如下右图：

以上4个部件是构成鼓驱动的主要部件，通过我们的替换，发现在一些常规的维修过程中，DSSB板和连接线的问题是引起此故障的元凶，当然在另外的一些维修过程中，也发现了其他几个部件的问题而导致此类问题的发生。

14. 印版幅面与所定义的印版尺寸不符

Magnus 800全自动CTP在上版的过程中报错：The plate size as measured by latch detector does not match defined plate size（检测器测到的印版幅面与所定义的印版尺寸不符）。

原因分析：

校准系统在装载版材测量时，间歇性失败， 790 mm×1030 mm 或 800 mm×1080 mm，同时出现报 The plate size as was measured by the latch detector does not match the defined plate size 错误消息，在Magnus 800控制器软件中，触发检测版的传感器，固定销前往起始位置，固定销停止之前到达该板的边缘，两种原因引起此类故障：

（1）一个不锈钢螺丝位于所述载版台的背面（靠近快门气缸传感器），反射的光线触发对准系统检测器，并产生一个错误信息。

（2）上版系统的平台移位。

解决方案1：

（1）通过涂黑螺丝表面可消除螺丝头的反射面，如下图：

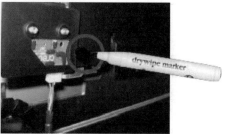

（2）更新软件到1.06版本，此版本在检测相关的感应器时会有适当的调整。

（3）如果问题没有得到解决，请参考解决方案2。

解决方案2：

（1）Load系统的铰链变形引起上版的位置与设备在设定参数时有出入，就算是重新校正了，随着这个变形的程度加强，会再次出现这个问题。

（2）更换上图中的铰链，能够处理好这个问题。

本例中，通过两种解决方案的解释，我们发现，虽然问题是一样的，但是解决方案却不同，维修中，这类相同的情况时有发生，但是我们只要能掌握相关的机械运作，及发生问题时的症状，就可以及时地发现问题并予以解决。

15. 无法在鼓上检测到版材

Magnus 800 CTP制版机系统无法在鼓上侦测到版材，重复三次后装版失败。

原因分析：

装载平台和版材进入鼓之间的加载顺序失败，可能由以下任何因素引起：

（1）严重割伤或版材变形；

（2）定位销线束拉松脱；

（3）定位销变脏；

（4）装载平台和定位销不在正确的高度上；

（5）LEC制动器可能无法打开LEC头夹；

（6）鼓定位销探测器失效时记忆之前重试装载过程中的一块版材。

解决方案：

要解决版材未能进入滚筒定位销的问题，要检查以下几部分组成（按所列顺序）。

（1）版材：确保印版得到正确裁切，没有畸形，任何角落都没有弯曲。如果需要的话，尝试使用相同的尺寸加载一块新的印版。

（2）定位销：确保定位销是干净的。定位销脏了可能让设备误认为从装载平台上到鼓之间有版材的存在。

（3）定位销线束：使用欧姆表检查定位销线束是否正常工作。如果需要的话，订购新的线束。

（4）装载平台：确保MAGNUS 800计算机直接制版机装载平台调整正确。

（5）LEC执行器：确保LEC执行机构将LEC头夹打开。

（6）鼓定位探测器：修改有关速度和超时参数。

以下就装载平台与鼓定位销不在同一高度的调整方法来解决问题：

（1）在Magnus控制器，单击Raised Hood（抬起机罩）抬高制版机的机罩。调节相对于静态装载托盘的载物台的高度。在Magnus控制器中，保证长和短的装卸气缸（执行器）都设置为关闭。确保装载平台的边缘相对于静态载版版盒不会少于常数2 mm，如下左图。

（2）如果需要，通过添加或移除装载平台的垫片或止挡件调整装载平台的高度，如下右图。

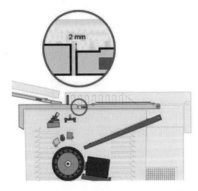

（3）调节载物台相对于对准系统的高度。

（4）在Magnus控制器，保证长装载平台气缸（执行器）设置为关闭，短装载平台气缸设置为打开。

（5）确保装载平台的边缘相对于对准系统处在同一高度上（±0.5mm），如下图。

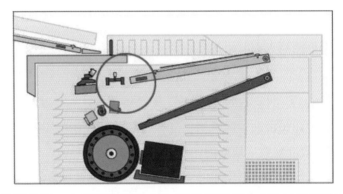

（6）如果需要的话，在短装载平台气缸和长装载平台气缸之间添加或去除垫片，调整装载平台的高度。

注意：要添加垫片，松开位于长装载平台气缸后面的4个螺丝。

（7）调节载物台相对于所述滚筒的高度。

（8）在Magnus控制器中，保证长和短装载平台气缸（执行器）设置为打开。

（9）确保装载平台的边缘在沿鼓的长度上处在相同的切线上。

（10）如果需要，通过添加或移除垫片或从装载平台的下侧挡调节装载平台的高度。

按以上的方法调节完成后，多次循环测试上下版过程，设备运行正常。

16. CTP版材不能正确装载到鼓上

CTP版材不能正确装载到鼓上，有时候报错：Plate not loaded correctly on drum, obstruction detected below LEC actuator (error number 6027) 版材不能正确安装到鼓上，检测到的受阻部位在LEC执行件的下方（故障代码6027）。

原因分析：

上述错误信息，但没有版材飞版故障报告出来。这表明飞版的光束被中断，可能是由飞版传感器的误调节，致使感应器的发射极或系统对准被扰乱。

解决方案：

（1）调整红外线板上的飞版传感器。

（2）安装全胜超大幅面激光制版飞版探测器。

（3）安装VLF制版机激光制版飞版探测器。

检查光束是否照在探测器正面感测区的中心，存在以下几种情况：

（1）传感器中信号不被读取。

如果输出设备都配有激光传感器，检查系统通过使用drum命令鼓模块版本1.07或更高版本读取传感器信号：鼓飞版激光感应是yes/no的状态，drum-flyoff laser sensed yes/no。

（2）NVS参数设置不当。

确保NVS参数系统TSTATE和sys tstatus是默认值。

（3）电源线的问题。

症状（激光传感器）：

①此激光接收器的电源指示灯（绿灯）不亮。

②此激光发射器的电源指示灯（绿灯）不亮。

（4）不稳定性问题。

检查系统在鼓启动和停止时的稳定性。参考激光飞版调整程序（全胜超大幅面激光制版飞版探测器安装步骤或VLF制版机激光制版飞版探测器安装步骤）。

（5）激光束阻塞。

症状（激光传感器）：

激光接收器的信号指示灯（黄灯）不亮或闪烁。

修复（激光传感器）：

检查激光束障碍物（可能是皮带防护罩）检查光束是否照射在探测器正面传感区域的中心。

（6）错误的电压。

症状（激光传感器）：

激光发射器的电源指示灯（绿灯）不亮。

修复（激光传感器）：

检查电压的电源线输入。

①VLF制版机：24V中止开关；

②VLF全胜：12V背板连接。

（7）中止开关已跳闸（激光传感器）。

症状（激光传感器）：

激光发射器的电源指示灯（绿灯）不亮。

修复VLF制版机时，检查在前门的中止开关有没有跳闸。

（8）门开关磁铁不工作。

症状（激光传感器）：

激光发射器的电源指示灯（绿灯）不亮。

用磁簧开关测试仪修复检查门开关磁铁。

对于服务工程师：

该飞版激光发射器与前门传感器回路联锁。要检查飞版检测系统，门需要用磁铁激活。使用命令mask door creo。务必在完成后除去磁簧开关旁边的磁体，完成以上的检查就可找到问题的根源。

17. 鼓驱动器有很大的电气噪声

VLF大幅面CTP的鼓电机驱动器更换之后，主驱动器产生的电气噪声很大。

原因分析：

在设备坏之前没有此类的现象，而在诊断完成后，发现驱动器损坏，更换后，发现电机有异常的声音，这种声音应该就来自驱动器。如果怀疑由驱动器放大器产生的噪声导致其他系统产生的问题或自身就不能正常运作，请尝试以下的测试。

解决方案：

使用此程序来产生驱动器最大噪声：

（1）使用这些命令达到最大加速度（而不会导致其他错误）。

```
set drum vacc
set drum pacc
```

把这两个值调得高于正常值。

（2）快速转动鼓。

（3）用命令：abort或者drum stop停止鼓的转动。

（4）如果噪声比之前更大，也即情况变得更糟。为了减少噪声，请将VACC和PACC调得比正常值低。

（5）检查驱动器输出到电机的三路继电器吸合状态。

本例中，由于之前的工程师在调整设备的时候把这两个参数加大，没有恢复成原始数据，更换驱动器后，这些数据存在CTP的NVS参数表中，出现了此问题，恢复更改完参数后，设备运行正常，本例中的一些设置也可用于其他同类型的机器中。

18. 版材曝光后图像在版材中呈现歪斜状态

VLF大幅面CTP版材曝光后图像在版材中呈现歪斜状态。

原因分析：

倾斜的图像是定位不正确或几何参数不正确的结果。这可能是由于以下任何一个原因所致：

（1）>>sys erin被设置为0，禁用电子定位。如果该系统无法检测该版材定位与否，输入>>set sys erin 1和>>set al prr 3重新启用电子定位（PRR =版材定位，可让你手动正确进行版定位）。注意，对于全胜超大幅面自动上版机器，>>sys erin必须始终为1。

（2）>>SYSErin已被设置为1，但对准块和鼓之间的短路骗过系统，以为该版已定位。例如，一个小的金属片可以定位得到块与鼓之间的信息。

（3）>>SYSErin已被设置为1，但头夹和版材之间的污垢会导致版定位为从胶辊移动下来。

注意：无论电子定位是否是禁用，该LED灯在装版时一直亮起（"SYS设置Erin为1"或"SYS设置Erin为0"）。

解决方案：

采用以下步骤：

（1）检查正确的参数设定>>set sys erin 1和>>set al prr 3。

（2）用万用表测量对准块和鼓带之间的电阻。应该有高电阻或无穷大"∞"（没有提示音，如果你的仪器被设置为"提示音"）。

①如果有电短路，则可能是因为执行以下操作之一引起的。一个小的金属片是被压在对准块和鼓之间。如果仍然有短路的现象，定位块面积需用酒精清洁，然后取出头夹清理定位块和鼓（此过程可能需要长达1小时），如果短路仍然存在，继续下面的操作。

② 定位块和鼓口袋之间的capton损坏，需要更换。

③用来把定位块装到鼓上的绝缘螺钉损坏，也一样要更换。

（3）使用命令TEC ON打开头夹，然后清洁头夹边一路之隔的鼓。让版的表面充分接触每个定位销是十分重要的（如果小的硬质颗粒粘在夹具的底部表面，该板块将形成点接触，而不是完整的表面接触。当胶辊下降，该板块可能会拉回到定位块，使图像歪斜）。

总之，必要的接触检查可以轻松解决版材在鼓上位置的不正确引起的相关问题。

19. 小车驱动器电流过载

VLF大幅面CTP报错：12006 Power supply failure: carriage amp fault （电源故障：小车电流过载）。

原因分析：

小车驱动器报告相关功能失效，"12006 Power Supply Failure: Carriage Amp Fault"是小车电流过载的错误消息。它是在小车滑架电机驱动器板产生并通过背板和ALE反馈到MPE或小车电机主板反馈到MCE主板。

在小车电机驱动板产生此错误的信号。信号传递出通过接头J5到背板，然后进入J14，标有"Plate Picker I/F 连接线"。信号从那里经过背板，出J702（插针25B和25C），到ALE板的红色LED DS1061，显示在ALE板。

该信号还进入一个由MPE通过主数据总线读出的寄存器，在一些电压条件下产生过流信号（可能会驱动撞击轨道，因为它有电流传感器）。

解决方案：

远程重置设备并在初始化过程中检查是否还存在错误。如果错误仍然存在，循环开机。做"mask on 11"，用"NVS save status 1"将它保存，然后用"reset"命令。如果错误仍然存在，进行现场维修，检查以下部位：

（1）检查小车psteps。它应该是64，但可以尝试52或40。

（2）测量80V TP11上的运载电机驱动板时发生错误。

（3）测量 ± 12V和+5 V的TP7、TP8、TP9和发生错误时。

（4）键入"carriage home"，并检查小车电机驱动板的正弦和余弦波。有条件可使用示波器上的TP1和TP5。

（5）测量+5V引脚8、脚10或21以下的12对小车电机驱动板，检查小车电源输入和输出。

（6）检查卡箱内各个电路板是否正确就位。

（7）检查从电源箱的电缆连接到主板箱板是否被牢固地连接。

（8）如果所有的电缆和电压都没有问题，更换ALE的电路板。

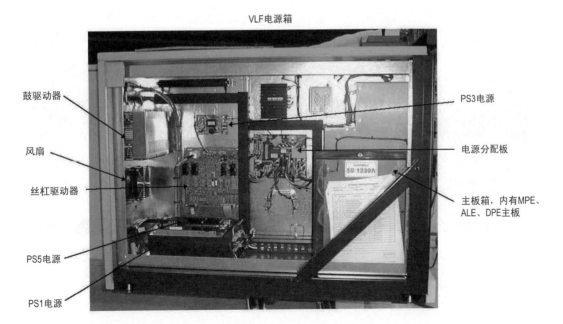

VLF电源箱

鼓驱动器　　　　　　　　　　　　　　　PS3电源

风扇　　　　　　　　　　　　　　　　　电源分配板

丝杠驱动器

主板箱，内有MPE、ALE、DPE主板

PS5电源

PS1电源

ALE驱动板、供给电源和相关的连接线检查完成后，如果不能正常运作，就需要更换小车电机驱动板，这几个方面存在的问题可以在替换后得到很好的解决。

20. 鼓平衡块的位置误差错误或间歇性复位

TMCE和GMCE的大幅面CTP间歇性复位或鼓平衡块的位置误差错误。同时报错：# 40639 <MCE> [MDHENG: Could not find balancer arms, make sure that the tabs are blocking the sensors]（不能找到平衡臂，确定凹凸是否挡住了传感器）。

原因分析：

平衡重量传感器电缆绑到TEC/ LEC及与支柱组件以及胶辊空气管。随着时间的推移，主干（backbone）的运动摆动使平衡重量传感器电缆来回动作，直到电缆断裂。这些电缆断裂也会把信息发送到TMCE/ GMCE，从而使其发生复位的动作。

解决方案：

（1）更换损坏的电缆，重新布线，防止电缆再和运动部件摩擦，也要避免其他部件碰到电缆，不要将传感器电缆绑在活动的管子上。

（2）将传感器电缆用电缆扎带固定，黄色飞版传感器电缆和感应器的电缆要扎在一起。

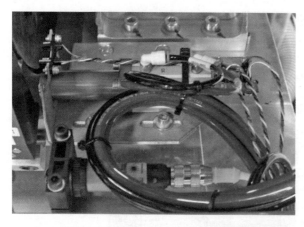 

在一些大幅面的CTP中，有些故障在维修后，没有及时整理好电缆线，会导致动作的气缸把线弄坏的情况发生，如果在维修完成后能再次检查更换部件、整理线路，就可以避免此类故障发生。

21. 版材定位监测硬件故障，无法把版材 装载到CTP的鼓上

VLF大幅面CTP中版材定位监测硬件故障，无法把版材装载到CTP的鼓上，同时报错：40736: MDH: Registration monitor hardware failure (always on)（MDH：套准监控硬件失灵，常开），40737: MDH: Registration monitor hardware failure (always off)（MDH：套准监控硬件失灵，常闭）。

原因分析：

当系统检查定位销的连续性时，加载循环过程中发生错误。

解决方案：

（1）检查连接有没有松动，以及以下连接器是否完全插入。

①TMCE J21/ J21 GMCE&J24。

②定位板J1和J2。

③电缆10-9069A和220-00094A之间的连接器。

④定位探头组件J1。

（2）位于LEC backbone主架连续性开关不能定位（见超胜超大幅面传感器图片和图纸）。检查电压开关触点：LEC主干向上应该是5VDC时，而当LEC向下时是0VDC（头夹是打开的）。如果始终存在5VDC上的开关触点（错误号为40736），则该开关被断开。如果总是有0V的开关触点（错误号为40737），则电缆、电路板或LEC推杆绝缘体帽可能出现故障。

（3）电缆损坏。

①从J2上的定位板上断开内部电源箱电缆10-9069A。

②使LEC向下，连接引脚6和7之间的跳线，并检查连续性开关的叶片开关触点：如果没有接通，检查电缆上的10-9069A、220-00287A和220-00094A是否压接不良或断线。如果有连续性，去掉跳线，连接电缆10-9069A，并且将TMCE/ GMCE的J21和定位板上的J1间的电缆10-9070A断开。

③使LEC向下，检查TMCE引脚3和4之间、电缆10-9070A的定位侧面板上侧GMCE的引脚2和3之间是否压接不良或断线。

（4）定位板或TMCE/GMCE主板是否损坏。

①连接在TMCE/ GMCE的J21的引脚3和4之间的跳线（引脚1在J21的右下角）。

②输入>>scan reg&_monitor检查连续性开关的状态：如果状态为1，则TMCE/ GMCE板是好的，需要更换定位板。否则更换TMCE/ GMCE板。

（5）绝缘体帽（252-06618A）故障。

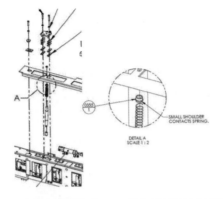

绝缘体帽防止LEC推杆弹簧接触定位连续性开关导电部件。如果绝缘体帽损坏

或错位，有0V时推针接触开关并报错误号"always off"（常闭）字样。

总之，在维修的过程中，在这个案例中发生最常见的两个问题，一个是定位销触点，另一个是定位板，在维修的时候，更多的人喜欢先更换定位板，但是问题更多的是在定位销触点处，有时候清洁也能解决这个问题，如下图：

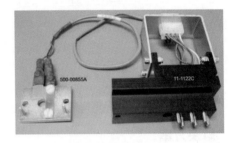

以上所列的线标号，不同型号设备会稍有不同，只需理解即可。

22. 无法找到不同尺寸版材的鼓平衡块

VLF大幅面CTP中无法找到不同尺寸版材的鼓平衡块。

原因分析：

系统报告不能检测到一个或多个平衡配重块。当这样的错误出现时，根源应该就是在鼓的动作或平衡块没有推到正确的位置，或者检测平衡块的感应器没有工作。

解决方案：

要找出平衡重量传感器是否正常工作，使用banlancer find命令。此命令触发一个平衡重量的搜索算法，涉及近360°的鼓转动。当滚筒转动时，连接到两个平衡块的标签将解释重量传感器送达固件且记录该位置。Banlancer find命令的输出像这样的显示：

```
f 04Feb03 10:27:41.031 <MCE> HOME side: Balance weight
1 pos: 159532 f 04Feb03 10:27:41.031 <MCE> Balance weight
2 pos: 104200 f 04Feb03 10:27:41.046 <MCE> AWAY side: Balance weight
```

```
1 pos: 119457 f 04Feb03 10:27:41.062 <MCE> Balance weight
2 pos: 234729
```

如果命令没有找到平衡砝码，检查鼓是否实际移动。如果仅发现在一侧上（无论是在Home端还是在Away端）的重量，那么相对侧上的平衡重量传感器就可能断裂。如果只有在Home端找到这两个配重块（或只在Away端找到配重块），有可能是平衡块标签出错。返回的数字是鼓的位置，而不是重量标签中断传感器的位置。

多数情况下，出现这类问题是平衡块没有移动到相应的位置所致，而认为是感应器的问题所致，如果手动移动滑块动作不畅，可尝试加入一些润滑油，等到可以移动后再把油清理掉，也能解决这个问题。

23. 同时多个引擎传感器工作状态异常

CTP设备中同时多个引擎传感器工作状态不正常。

原因分析：

所有器件与电路板GMCE连接，但这也可能会发生在Genine和TMCE板中，故障排除步骤会有所不同。多个传感器不工作。中断传感器，如近端/远端传感器将呈现"block"，反射传感器将永远不会发现有东西在它们面前。

驱动红外发光二极管在传感器+5 V线中串联一个玻璃保险丝以防止短路的线束。+5 V的显示在原理图上为"+5 V–I"，意思是"接口"。如果+5 V–I短路到帧中的某处设备，然后由该+5 V–I信号供电的所有传感器将无法正常工作。使用gmce power命令，检查+5 V–I是否完好。以下是此命令的输出。 5V_I从AI_Check_5V派生的，因此必须为正常状态。从下面的例子中可以看到，AI_5V_I表明它是好的为5V。如果是某处短路，那么电源GMCE命令将显示低电压AI_5V_I，大概小于1V。

```
Gboot>> gmce power GMCE voltage readings: AI_Check_1_5V =
1.455 V AI_Check_1_8V = 1.807 V AI_Check_2_5VRocket = 2.500 V AI_
Check_2_5V = 2.417 V AI_Check_3_3V = 3.306 V AI_Check_5V = 5.117
V AI_Check_12V = 11.953 V AI_Check_24V = 23.870 V AI_Check_P24V
```

```
Safe = 0.000 V AI_Check_P48V_Safe = 0.000 V AI_GroundDetect = 0.000
V AI_Vref = 1.227 V AI_Vtt = 1.226 V AI_5V_I = 5.112 V AI_12V_I =
11.982 V AI_P24V_I = 24.010 V AI_N12V = -12.021 V
```

解决方案：

（1）从Service Shell中输入命令reset boot，将设备设置为引导模式，让它不再尝试移动任何执行件。

（2）打回车后电路板启动boot模式，同时你应该看到一个Gboot>>提示符。

（3）输入命令gmce power。检查电压AI_Check_5V和AI_5V_I。如果AI_Check_5V为低电压，则该问题是在GMCE板本身。AI_Check_5V是从+24V电源产生GMCE。

（4）如果AI_Check_5V是好的，但AI_5V_I低，那么可能的原因是AI_5V_I线过流。这时电压提供电源给所有传感器的LED和其他接口电路。

（5）佩戴防静电腕带，并拔下显示在下面的列表中的连接器。断开电缆后，使用电源GMCE命令查看AI_5V_I是否恢复正常。

请注意，短路消除后玻璃保险丝自行复位，这将需要大约20秒的时间。以下面的顺序断开传感器。每次断开电缆后使用电源gmce power命令。

J4 –J5 –J6–引擎感应器

J26–小车驱动器

J16–l面板

J35–鼓驱动器

J24–定位板

J30–引擎温度感应

CONN9–引擎和丝杠温度感应

J12–版感应器1

J20–编码器接头

J2–激光头控制

J14–照相机LED驱动反馈，暂未使用

J21–在定位板上连接一个1.2K的电阻

当你找到短路的连接器时，请参阅该设备接线图。最有可能的原因是挤压线路，磨损金属丝或金属丝太紧、太尖锐。它也可能是因为故障板/组件的电流过大造成。使用电源gmce power命令之前，断开单个组件，直到AI_5V_I恢复正常。这可以是间歇性的问题，有时移动电缆轨道或组件可能会使AI_5V_I恢复正常。要注意再一次移动或断开只是一个可以缩小产生问题的范围的操作。移动可能会导致问题暂时消失，但在数天或数周会返回相同的情况。

24.24V电源输出超出范围

CTP设备正在工作时报错# 35783 System Range Fault: Fused 24 volt power output (AI_P24V_I) Out Of Range（系统范围故障：24V电源输出超出范围）。

原因分析：

间歇性或持续以35783报错。其症状可能包括虚假的飞版信息或其他24 V电源相关的错误，出现问题后，断开UDRC的电源以及没有报错的信号线，在UDRC的底部传感器导线可能受到挤压和短路，如果全胜800报该错误信息，可以尝试屏蔽UDRC，同时断开UDRC数据线的链接启动CTP试试，如果CTP在断开UDRC之后能正常工作，那很明显是UDRC出问题了，一般碰到的问题都是UDRC内部短路，短路的地方大部分是如附件里面看到的控制固态继电器这边熔断了，低压电有温控开关保护，温控开关导线容易和机壳底线搭接，从而造成问题，屏蔽掉温控开关或者换一根电源线都能解决问题，如果处理后UDRC仍然不能工作，那只能再更换一下GMCE电路板了。

解决方案：

（1）断开从制版机到UDRC之间的数据线。

（2）如果清除屏幕上的消息后，24V电源错误仍然存在，问题不是在UDRC，需要在不同的区域制版才能发现，如果错误被隔离于UDRC，请继续下一个步骤。

（3）打开UDRC盖子，取出过滤器。

（4）注意，网格在所述罐的底部的方向。移去固定网格罐的六个内六角螺丝，然后取下电网暴露在传感器外的两条电线。

（5）其中的一根或两根电线可能是因为挤压罐和喇叭口之间的隔板太薄，不能提供足够的间隙。这导致一根或两根电线与挤压罐的外壳短路。

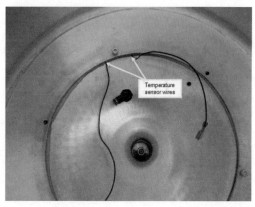

（6）用卸下的六个螺钉把喇叭口安装到挤压罐的上面。

（7）用小刀切除并取出硅酮密封胶，注意，是根据螺丝垫圈的数量。

（8）修复或更换线（220–02601A）。

（9）清理掉喇叭口和挤压罐上旧的硅酮密封胶。

（10）将有机硅密封剂涂在喇叭口的边缘。

（11）用六个螺丝和额外的垫圈重新安装喇叭口，垫圈使传感器导线与挤压罐之间产生间隙。确保给电线留有足够的空间，才不会再受到挤压。

（12）擦去过多的硅胶。

（13）重新安装温度传感器和网格。

（14）安装过滤器，并重新连接UDRC。

（15）确认没有其他与24V电源相关的错误消息。

实在不行要更换这条线或者修复这条线。

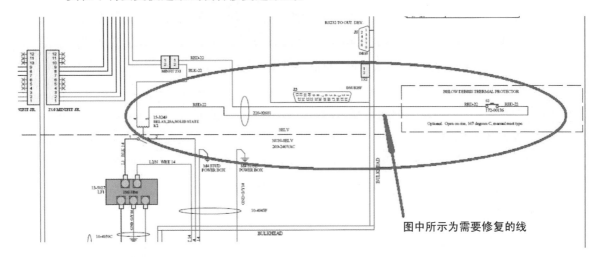

图中所示为需要修复的线

25. CTP安全回路失效

CTP开机后安全回路失效：前门已关闭时，仍然显示状态：`unblock: Front door close sense: not okay`（未锁定：前门关闭传感器：不正常）。

原因分析：

正常状态下门关后为block，从显示的信息看，问题应该出在安全部分，指示也就在前门部分，查以下几处：

（1）PDB电源板失效；

（2）线束连接错误；

（3）门锁内部连接错误。

直接输入`door lock`命令，检查安全回路是否正常，排除PDB失效的可能，同时证明锁的状态有没有被PDB上的传感器感应，检查J44销与锁的连接，J44销未和锁连接，而是与J40连接。

两个六销的接头接反了，两个锁相

连，J44和J40相连，违反作业操作。J44销有两个传感器与GMCE传输联系，反馈门锁的状态。

检查锁与PDB走线，外部正常；拆开大锁内部，发现连接有误，线束的标签与锁上标签不一致。

SSW1即前门大锁连线错误，线31和线11接反，大锁内部线重新理过，PDB J40与前门大锁SSW1的连接对应无误。

解决方案：

恢复这两条线路的连接，客户在年后开启机器后出现这个错误，在查找时发现设备的线被老鼠咬断，于是自行更改了线路，恢复这个部分后，设备运行正常。

26. 版材偶尔出现咬口位左右两边尺寸不一致

CTP曝光后的版材偶尔出现咬口位左右两边尺寸不一样，相差1～2mm。

原因分析：

（1）首先确定文件是否有问题。

（2）这种情况通常都是由于版没放好所致。一般通过查看版头和版尾的蓝色块就能确定版是否没放好。正常版头和版尾夹曝光部分约为6mm。如果左右两边未曝光宽度不一样，那可以肯定是版材没放好，如下图。

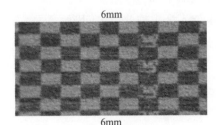

正常

版没放好

（3）检查LEC的开度是否有问题。

（4）用布蘸水清洁Ramp组件，一来清洁灰尘，二来可以消除Ramp的静电。

解决方案：

根据以上几种情况，调整三个方面：

（1）LEC打开的距离；

（2）Film guide辅助上版间隙；

（3）清洁Ramp以减少和版材之间的静电，同时注意Ramp的连接线是否良好。

27. 尾版夹不在正常位置

全胜系列CTP启动时报错尾版夹不在正常位置，导致无法正常启动，报错信息：40608 MDH: Clamps detected on the trailing edge backbone, but they were not expected（MDH：在尾夹支架上检测到版夹，但是不在正确的位置上）。

原因分析：

CTP用了两年以后偶尔出现以上故障，伴有报错信息代码40607、40608等，打开前门时发现尾版夹在鼓上。通常解决办法有几点：

（1）此问题通常都是由于感应尾版夹出错导致。每个尾版夹对应都有一个光电传感器，如右图。

（2）更换尾版夹位置，使之感应得好一点。

（3）调整传感器安装位置，可添加垫片，使得传感器与版更靠近，感应会更灵敏。

（4）更换损坏的传感器。

解决方案：

基本按照以下两种方法就可以解决。

（1）拆下感应器用酒精棉签清洁干净。

（2）感应器和尾夹之间的间隙过大，在感应器中加入垫片后使间隙变小，读取时就不容易出错，也就不会出现此类的问题。

很少有所有的感应器同时出现此类故障的情况，如果某一个感应器出现这个问题，通过清洁和调整就可以解决。

28. CTP设备准备曝光时无法找到版材的边缘

版材装到鼓上后，准备曝光时无法找到版材的边缘，报错：# HEAD: incorrect light level at start of edge detection - check if plate size entered too small 17630（激光头：在边缘检测开始处的光量不正确——检查输入印版幅面过小）。

原因分析：

可能还报以下错误：

HEAD: couldn't find plate edge due to dirty edge strip on drum 17013（激光头：由于鼓上的外缘条变脏，不能找到印版边缘）

CARRIAGE: could not find edge of plate check that plate size is entered correctly 7011（小车：不能找到印版边缘，检查输入的印版尺寸是否正确）

HEAD:incorrect light level at start of edge detection - check if plate size entered too small 17630（激光头：在边缘检测开始处的光量不正确——检查输入印版幅面值过小）

有如下的几种可能：

（1）激光头安装不正确。

（2）版材没有正确加载到鼓上。例如，在头夹具附近有一大片隆起的地方。

（3）版上鼓的一边没有裁切好，焦距没有设置学习功能，这是不理想的情况。

（4）版材上有很大的压痕。

（5）滚筒转速过大。

解决方案：

检查激光头的安装，确保sum值约为1200，并且该sum值不饱和。SR中的变化在版材中可引起sum值饱和度的变化，或在版上的不同部分数值也不尽相同。这也可能是焦距学习失败的案例。为了防止这种情况，升级TH2固件1.04版及更高版本包括自动增益控制。同时做如下测试：

（1）plot edge。

①搜寻该版的边缘，而不曝光版材。

②如果模式NVS参数"edge"设置为0，小车移到它通常会开始寻找的位置，但并不寻找边缘。

③要检查边缘检测在相同的模式被用于曝光，首先明确更改使用"mode<N>"命令模式，然后做一个边缘曝光测试。

（2）plot edge cal。

①通过定位自动聚焦激光束在所述版的边缘，近似校准记录器用于边缘检测。如果该版是适当的大小，聚焦在感光鼓的激光点应离开版的边缘小于1mm的地方。

②光点从版的边缘接近到1mm，调整小车NVS参数"cph"，或者使用命令"plot edge cal cph"。用命令"nvs save carriage"存储参数。

（3）plot edge cal off。

校准记录器进行边缘检测而自动对焦激光束，使之靠近版材，检测到边缘检测条。校准值被存储在头部NVS参数"offthresh"。如果是用MPE主板的设备，校准值必须使用命令"nvs save head"来保存。

（4）plot edge cal on

校准记录进行边缘检测，同时将激光束自动对焦在版材上。校准值被存储在头部NVS参数"onthresh"中。校准值必须用命令"nvs save head"来保存。

（5）plot edge cal cph

校准小车NVS参数"cph"。校准值必须用命令"nvs save carriage"进行保存。

清洁黑色边缘检测条，更容易使聚焦的激光能检测到边缘的存在。

做完以上的测试和调整，这类故障处理起来还是比较轻松的，但在处理过程中需要细心、认真，才能做到完美修复。

29. 版材扫描长度过小

CTP装载版材时，出现错误40658：MDH: Media has invalid main scan length, it is smaller than expected（MDH：版材扫描长度无效，它比预期值要小）。

原因分析：

同一张版重新加载却时而正常时而报错40659：MDH: Media has invalid main scan length, it is larger than expected（MDH：版材扫描长度无效，它比预期值要大），也就是说机器检测到版材的尺寸有问题，可能的原因如下：

（1）版材实际尺寸超出范围。

（2）版材两端涂布不良，造成误判。

（3）焦距error、sum等数值问题。

（4）自动上版使版边左右放版不平均导致版倾斜。

（5）机器曝光时飞版感应器感应到有东西。

（6）上版辅助坡道Ramp感应器失灵。

解决方案：

针对以上的几种可能，我们采取对应的方法来处理。

（1）检查版材的尺寸是否正确，如果版材的尺寸偏差过大，设备一定不能读取正确的参数，无法测量出现超出误差范围的版材实际尺寸。

（2）涂布不好的版材在一些需要检测边缘的设备中非常重要，边缘导电不良，就无法读取版材的尺寸，最好的办法是用万用表抽查版材是否有这类情况。

（3）清洁鼓的边缘检测条，这样就容易探测出每一张版正确的曝光位置。

（4）检查装版动作是否正常，调整`mhauto`里的`autoloadvel(100→40)`、`pickerdroppause(0.4→1.6)`。

（5）开门检查飞版感应器是否正常。

（6）多次检查坡道Ramp感应器，同时用命令`>>load 800 1030 calibrate`校正版材尺寸。

通过以上几个部分的检查及调整，设备的这类故障都能得到解决，同时也能查出相关的故障原因。在这种维修中，我们只要有思路，处理问题就很容易。

30. CTP未检测到数据线缆

CTP在开机后报错：`03561 System :The data cable (hotlink/coax cable) is not detected`[系统：未检测到数据线缆（hotlink/coax 线缆）]。

原因分析：

就显示的信息看，应该和传输数据的连接线有直接的关系，但是可能也与GMCE板坏了或者是激光头内部有问题需要更换有关系，无论如何，我们还是需要针对性地来处理问题，根据这三种情况来检查。

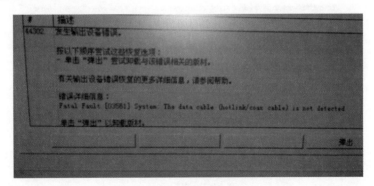

解决方案：

在一些老的MPE设备中，如果hotlink出现问题，最直接的是没有错误也没有在版材上产生图像，这样就比较容易判断。如果是新款的设备，我们可以直接看到相关的报错信息，不管是哪种方式出现，我们都需要把线的两端取下来，然后用万用表进行测量，准确地判断是否是线的问题，从而排除问题。

测量完数据连接线，接下来就需要测试在GMCE和激光头之间连线的传输问题，在诊断软件中可以输入>>hotlink reset看GMCE中是否有反应，如果没有任何反应，就应该考虑是不是主板的问题，否则考虑激光头问题。

此例中，很少由于激光头而引起这样的报错，常规下，线的虚接或者是使用久了，会使内部的接头有些老化而引起连接失败。

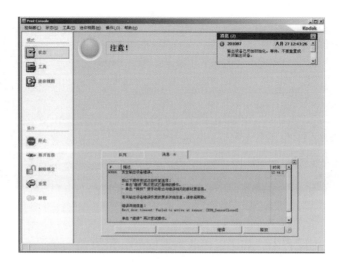

在这样的案例中，其实只要具备最基础的CTP知识就很容易处理相似的问题，在出现各种错误的时候，学会冷静分析，从简单做起，维修起来就变得轻松。

在一些新款的2.0激光头中，如果发生此类情况，则问题是相反的，和激光头有一定的关系，可能是在内部的CTP主板，也有可能在主板的软件处理部分，总之如果现场无法处理则需要更换激光头。

31. CTP退版出口门超时

CTP在工作过程中有时候报错：40666 Exit door time out: failed to arrive at sensor.[EDR_SensorClosed]（退版门超时：不能抵达传感器）。如下图：

原因分析：

通过报错的信息我们不难看出，问题是在退版时，退版门的感应开关没有到达相应的位置，由于退版门的感应器是处于可屏蔽状态的感应器，所以应该从屏蔽的思路开始，确认是否真的是这个感应器出问题。

解决方案：

用诊断命令>>scan edr_sensorclosed bon 屏蔽这个感应器，如果机器能够正常工作，但要保证退版门的气缸机构是没有问题的前提下，就可以认为是感应器的问题，当然感应器的位置如果发生了变化也会有类似的情况出现。如果是感应器彻底坏了，可能不是这种有时候报错的故障了而是持续报错，所以在测试退版门（Edoor）时做了一个循环测试，在测试的过程中发现退版门的感应器位置不太好，需要重新调整，于是调整退版门的气缸，使其在复位时更贴近感应器。之后长时间测试，设备没有报这种错误出现。退版门气缸和感应器如下图：

气缸

感应器

32. 安全钥匙检测不到或者每次要重复启动机器多次才正常

做CTP维修时安全钥匙（SIO-override）检测不到或者每次要重复启动机器多次才正常。

原因分析：

当出现安全门被打开的消息弹出时，我们的第一反应是查看门的状态，这是常规的检查方法，如果检查完后所有的门关闭的状态是正常的，这个时候如果用到安全钥匙，也是检测不到钥匙或门打开，我们就要查找是安全回路的问题还是PDB电路板的问题。

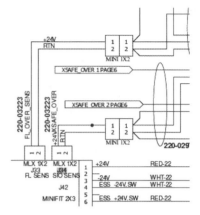

解决方案:

首先查看PDB的J34销里有个传感器感应SIO状态的指示,查看J34销连接是否正常,SIO传感器接触不良都会引起这样的情况发生,这个时候只需用尖嘴钳压下销针,使其正常接触机器就可恢复"准备"状态。

将服务钥匙顺时针方向旋转,两个LED现在会不断闪烁。此时设备无法曝光图像,直到电源恢复到写入激光,且当SIO键开关按键返回到正常操作位置时才会正常曝光。本例中重点检查的位置为安全钥匙的内部触头,处理后设备一直正常工作。

33. 小车电机完全不工作且处于失效状态

CTP小车电机完全不工作且处于失效状态。

原因分析:

小车电机是一个200步/转的步进电机。它是在步进模式下运行,以获得平滑的运动和位置控制。这种电机要很好散热才能正常运行。为了让这种热量从主板移到框架,要确保散热垫片安装在电机和框架之间,滑架电机驱动滑轮轴以减少跳动。不要随意取出。如果小车停留在原位,虽然这应该很少发生,但是如果有这种情况,表明小车已经超过近端位置,或者小车驱动器已被禁用或出错。固件会内部强制中止移动小车。

解决方案:

(1)检查相应的连接线缆是否有连接不良的情况。

(2)检查小车驱动板是否失效。

首先检查电机与电路板的连线,外观正常;用手摇动线束,电机与驱动板,连接端口J1有火花,检查发现小车电机与驱动板连线处白色接口后面的线脱离,重新连接后,启动机器正常运行。

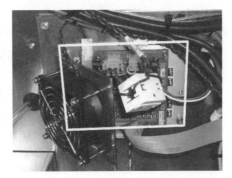

有时安装不注意，没有取下散热保护膜而把驱动板安装在框架上而导致问题的发生也不在少数，所以安装时一定要注意取下散热保护膜。

34. 四开版材不能装载进入机器

CTP设备四开的版材不能装载进入机器，报错"media can't detect"（未检测到版材）。

原因分析：

如果版材放在玻璃板中，机器无法检测到，很有可能是进版坡道中的感应器没有检测到印版的存在，这个时候可基本判断为存在以下三种可能：

（1）进版坡道中间的感应器失效；

（2）连接感应器的电缆接触不好；

（3）GMCE主板故障。

解决方案：

（1）在进版坡道的中间位置直接接入一个感应器，测试感应器有没有问题。

（2）完好地拔下GMCE J35接头，测量反馈的白色光束，在阻断状态下电压为5V，说明GMCE 电路板正常。

（3）再次换上近端感应器，输入Ramp命令，放入印版测试传感器状态是正常的，说明坡道感应器有接触不良的情况，拔下感应器换角度再次接入，进版坡道命令中显示版材正常。

注意在Ramp out状态下不能装载印版，由于out位置距离太远无法感应，不要和以上的问题联系在一起，有时候，维修时输入Ramp out命令而去上版可能会出现类似的问题。

35. 卸版台电机间歇性停止工作

自动上下版的CTP设备卸版台电机运作间歇性停止工作。

原因分析:

当卸版台电机运行时，Sevice Shell 报错：unload table away sensor can not be triggered（卸版台远端传感器不能触发），以下三种情况可能导致这种问题的发生。

（1）这个电机是由Genine电路板来控制的，如果这块电路板损坏，很有可能会发生相同的情况；

（2）卸版台电机远端感应器如果出现故障也会有这样的情况；

（3）当然最直接的是电机故障，一定也会产生问题。

解决方案:

（1）用东西挡住感应器或感应器冶具测试感应器是正常的。

（2）检查感应器状态。手动挡住感应器为已阻断（blocked），如果挡住感应器状态仍未显示"block"，Genine电路板发出命令错误，感应器的状态可由Service Shell查看，空置为"block"，反馈的绿色线为5V，阻挡后状态为"block"，反馈的绿色线为0V。

（3）更换Genine电路板，发现问题没有改善。

（4）对电机进行循环测试发现运转不良现象，更换后测试后期，电机仍有发烫现象，偶尔还有间歇不动作。

升级相应的固件，使电机在闲置状态时的电流减到最少，对电机待机发热的现象有很好的改善。

如果有可能调整CTP房间的温度到所要求的状态，很多设备机房由于外部温度原因也导致这个问题时有发生。

36. 加载745×605版材时报超出范围

CTP在应用745×605版材时报[01313] Focus: Focus error: Media out of range（聚焦：聚焦故障：版材超出范围），而其他尺寸则没有任何问题。

原因分析：

经过查看，发现此尺寸的版材放在中间的位置时，印版的边缘正好在两个尾夹的槽中间，所以在曝光的过程中会出现与焦距相关的一系列错误。

解决方案：

首先查看设备中的版本，用>>list version all，GMCE版本如果是1.02，就需要升级到1.04，如果是1.01的老TS800IV版本，升级成CR1.02再加一个补丁，这个补丁的功能就是让四开的版材能放置在对开版的位置，从而避开尾夹的空槽，升级完成之后需要把双版功能取消，具体命令是：

```
TSIV>>access dev
TSIV>>option dual-plate disable
```

之后我们放置版材就可以偏移比较大的位置了，如下图：

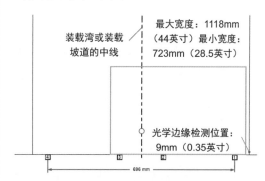

这是之前放置版材的位置，在1号销和3号销上面，现在升级软件后可以如此放置3号销附近形成鼓包。放置图如下，放置在1号销和2号销上面，这样完成操作后，设备一直运行正常。

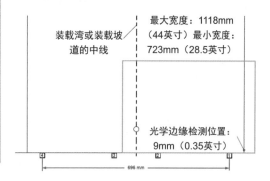

37. CTP无法读取尾夹同时不能正确装卸版材

一台较老的CTP设备无法读取尾夹，同时不能正确装卸版材。

原因分析：

前一代的CTP尾夹用的是微动开关或磁性开关来检测尾夹，所以使用一段时间后需要做全面的检查，尾夹簧片开关的目的是验证尾夹的存在。如果任何一个尾夹丢失，传感器必须能够检测到丢失的夹子，以避免许多潜在的问题。以下是实际维修过程，同时解释了传感器的工作原理，以及如何验证它们是否正确读取。

操作理论：

5个水平安装的传感器的作用是检测是否触碰到所有的后缘夹具上的支柱。2个传感器负责锁定/解锁，一个传感器识别两个夹子（见下图）。

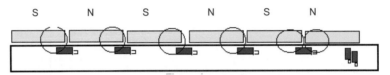

两个垂直安装的传感器用来检测左右内滑块的位置。

解决方案：

（1）关闭电源的输出设备。

（2）让TEC锁定销朝上，在主链的左侧放置一个位于磁性夹具和一个位于磁性夹的支架和滑动锁杆，以保持夹具固定。

（3）将磁簧开关测试盒插到传感器中两个磁性夹具之间。传感器盒的绿灯应亮起。

（4）如果不重新调整传感器，取出老式的S-N极磁夹，绿色指示灯应熄灭。

（5）将测试仪插入第二个传感器，取出尾夹该灯应熄灭。

（6）对传感器的其余部分重复第（4）步和第（5）步。

（7）在最后一个传感器，确保传感器同时检查S-N极性。通过去除测试仪中的任一个感应器，指示灯应熄灭。

（8）将磁簧开关测试仪箱插在两个垂直安装的传感器和移动滑块传感器之间。绿灯亮，如果没有传感到滑动的气缸，绿灯不亮也不会滑动。

（9）其他垂直传感器重复第（6）步。

垫片的目的是因为该传感器会急剧变化。有些传感器是非常弱的，有些则是非常敏感的。如果它们过于敏感就需要在传感器下面添加垫片。

考虑上图中最左边的传感器。当尾夹到其左侧被除去，该传感器应关闭。然而，如果传感器非常敏感的话，它会让检测夹紧到右侧并固定。如果只有最左边的夹子丢失，这显然是危险的。

如果传感器很敏感，要在传感器下加入垫片，以降低灵敏度。因为该垫片是磁铁，它能改变要检测的磁场传感器。这使得传感器只夹紧到左边。

最困难的传感器调整是在最右边。它负责的夹具在其左侧和右侧。如果不是夹子丢失就必须检测该传感器。这可能难以实现，甚至尾夹也会脱落。

总之，当尾夹在支架上面时，应可以检测到它的存在，而如果尾夹在鼓上，TEC的感应器状态应该是不存在的，这是最关键的所在。如果没有检测仪器，用TEC off和TEC on的命令同样可以达到相同的检测效果。

38. 12V电源输出超出范围

CTP设备开机后报错：35783 <GMCE> [System Range Fault: Fused 12 volt power output (AI_12V_I) Out Of Range: Reading=130, Low=1310,High=4095]（系统范围故障：12V电源输出超出范围）。

原因分析：

报错信息是一组逻辑电压，因为电路中没有12V的开关电源，所以需要检查以下组件：

（1）安全门的状态用safety或door的命令查看。

（2）在日志文件信息，机器启动的信息里含有下面的错误。

f 13Nov10 15:34:10.859: <GMCE> *** Unsolicited Message 44302 Fatal

f 13Nov10 15:34:10.859: <GMCE> [CEH:Fatal Fault [03553] System: A safety loop fault has been detected]

f 13Nov10 15:34:10.859: <GMCE> Thermal Head Safety Loop Fault!

（3）输入动作命令或调用模板或打开Printconsole，就会有如下错误。

f 13Nov10 15:35:23.703: <GMCE> *** Command Failed: 35783

f 13Nov10 15:35:23.703: <GMCE> [System Range Fault: Fused 12 volt power output (AI_12V_I) Out Of Range: Reading=130, Low=1310, High=4095]

解决方案：

根据以上所显示的信息看，应该和机器的供电部分故障有关，查找所有的开关电源电压是正常的，同时又调用一块PDB电源供给板测试，现象也是一样的，那么这种情况可能是在激光头的供电部分，于是更换激光头内部的电路板，故障排除。正常情况下，内部的电源板是没有单独更换的，需要更换一个新的激光头才能解决。

39. 紧急制动开关打开，导致机器无法正常启动

CTP机器开机报错：35724 Emergency stop switch is on（紧急制动开关打开），导致机器无法正常启动。

原因分析：

根据经验分析，有两种原因导致这种情况的发生。一种是由于之前的老电路板内置继电器频繁动作，另一种可能是因为PDB升级导致出现这个Bug，并且都是在PDB升级后，无固定时间里陆续出现的问题。

解决方案：

目前解决方法有三种，分别是：

（1）更换PDB板，一般情况更换新的PDB电源供给板都能解决，但是成本较高；

（2）K9/K10继电器断电并手动复位，如果每次都需要进行手动复位也不是解决问题的办法，所以都是采用第三种方法；

（3）降低固件版本至以前的状态。

步骤如下：

PDB板到相邻组件连接器功能如下：

（1）顶部对K2、K3是J2的连接头（鼓驱动器）。

（2）第二对K4、K7是J3、J7的连接头（PS3写激光）。

（3）第三对K8、K5是J4、J8的连接头（PS2支架电机）。

（4）最后对K6、K9是J15的连接头（安全备用，用于MCU和APL设备）。

还有一对附加继电器位于EMI防护罩下，安全回路功能的K10、K11为J1、J11的连接器。如果没有焊接这对继电器，一定需要更换主板。

如果在PDB测试失败，有可能没有释放继电器线圈，可做如下检查：

（1）检查日志文件C:\PDBRelayTest\ PDBRelayTestResultCycle.Txt，找出哪些中继未能通过测试。

（2）为了确定继电器是否处于打开或关闭状态，检查通过半透明绿色塑料壳体顶部的指示器。

①关闭设备电源的主开关。

②打开电源箱，看一下焊接继电器是否有问题，如下面的示例图片：

继电器在未通电的关闭位置指针最接近金属线圈端；

继电器在通电时，位置指示器指针远离金属线圈端。

当设备主电源关闭时，所有的继电器应如图所示。任何留在接通状态被焊接都是不正常的。

要释放一个焊接继电器，可采用圆形非金属工具（如螺丝刀的柄）敲击牢固的绿色覆盖。如果白色塑料指示器移动到关闭位置时，吸合被释放。

（3）如果成功地释放吸合，可重试PDB测试程序（运行PDB继电器测试），如果测试通过，安装新的固件。

（4）如果继电器不能释放，则必须更换PDB板，在执行测试程序后，再安装新固件。

总之采用以上的三种方法就很容易处理相关的PDB电源板的故障，我们在处理这样的问题时不要盲目认为就是主板问题，有时候用软件的办法也能处理很多的硬件问题。

40. 重开CTP设备尾夹全部会掉下来

CTP设备在关闭电源和压缩空气后再开时机，尾夹会全部掉下来。

原因分析：

如果机器不关机而只有第一次开机会发生这种情况，从分析上来看，应该还是和感应器有关系，当第一次读取感应器失败后，机器就无法获取尾夹，同时由于动作失误导致尾夹跌落。

解决方案：

首先我们需要检查所有感应器的状态是否正常，通常的办法是手动让尾夹上到尾夹的支架上，手动不停地摆动6个尾夹，看感应器的灯是否有异常，如下图：

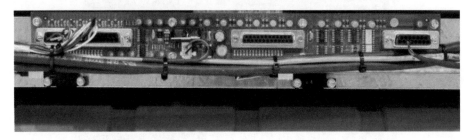

用这种方法会有三种情况发生：

（1）在摇摆的过程中，所有的灯一直保持正常的状态，也就是没有任何的闪烁动作，表示感应器没有任何问题，如果是这种情况，我们需要考虑是否为尾夹气缸的原因，可以循环测试尾夹气缸动作是否有失灵的情况。

（2）在动作的过程中，偶尔会有一两个感应器发生LED闪烁的情况，这时也可判断为感应器没有问题而是尾夹与感应器之间的间隙可能有些问题，只要稍加调整使得所有的灯不会闪烁，问题就可能得到解决。

（3）如果在测试过程中会有指示灯根本就不闪烁，也不会亮起，可能是感应器本身的问题，通常情况下，我们可以拆下另一个好的感应器装在出问题的感应器位置，来判断是感应器本身故障还是连接线的问题。

本例中，是第二种原因引起的故障，调整感应器的位置后，机器运行正常，同时在维修过程中需要用到以下命令：

>>tec putclamp，将尾夹放在鼓上。

>>tec getclamp，将尾夹从鼓上取到尾夹支架上。

>>tec off，尾夹支架离开鼓。

>>tec on，尾夹支架贴近鼓。

>>tec lock，尾夹锁定。

>>tec unlock，尾夹锁定。

>>tec，显示尾夹感应器的状态，包括锁定/解锁感应器。

在相似的情况中，我们发现感应器的故障占大多数，如果在平时的保养中能够兼顾到感应器的保养，或者注意环境的问题，就可有效地避免相同的问题发生。

41. 鼓不能到达指定的正确位置

CTP设备偶尔出现报错信息：#37716: DRS: Drum failed to reach position（鼓不能达到指定的位置）。

原因分析：

鼓不能到达相应的位置，可能有以下几种情况：

（1）有什么东西阻碍鼓的自由运动。

（2）鼓制动器有问题。

（3）胶辊还压在鼓上，但是会报胶辊位置的错误。

（4）有噪声或+5V输入或PWM信号线，导致鼓放大器进入一个不确定的状态。

（5）鼓驱动器完全损坏。

解决方案：

根据以上的情况做了如下的更换和操作：

（1）更换了驱动器到Tmce主板的数据线。

（2）更换PS2电源。

（3）调整TEC压板同步，调整了左侧气缸调节阀。

（4）检查LEC位置正常。

（5）调整鼓电机的皮带压力，感觉原来稍松。

（6）做drum spin 100，看PLL ON时鼓的速度误差很小，有0.2左右的误差。

（7）做以上工作后测试出版，在Service Shell里没有PLL的错误提示。

（8）在输出印版时，不到10张时报37716错，终于在现场看到报错现象，检查当时状态。

①测PDB到驱动器有220V电压；

②驱动器到制动板三相之间电压0V；

③制动板到电机三相间电压0V；

④在Service Shell里输入`drum moveto 100`，动作报37716错；

⑤鼓此时是闲置状态。

（9）关机重启可以继续出版，错误状态不定时出现。

（10）更换Tmce板，恢复参数。

做出如此多的操作，按正常情况设备可以正常运行了，可是在第二天客户说还是有相同的故障发生，并且只在上下版材的时候发生，最后果断更换了和TEC连接的所有组线，再次测试，问题得到解决。从这类情况看，有时候报错的信息与实际的问题是有一些差距，但是可能发现两个部件还是有一些关联，在今后遇到麻烦的问题的时候多检查错误记录文件，我们只要认真分析，无论什么问题都能得到很好的解决。

42. 感应器错误，解读CTP主板传感器I/O位状态

CTP设备间歇性报告感应器错误，解读CTP主板传感器I/O位状态。

原因分析：

使用`scan <I/O name>`命令读取传感器的I/O位状态。

`scan <I/O name>`命令可用于显示任何独特的传感器I/O的状态，如果I/O全称为`<I/oname>`，或所有I/O点相匹配的相关内容。

例如，用命令`scan car`（carriage小车支架）显示有关以下所有I/O位名称：

```
CAR_&SensorAwaySide
CAR_&SensorHomeSide
CAR_SensorAwaySide
CAR_SensorHomeSide
```

与其相关小车的命令扫描`car_SensorAwaySide`只显示信息远端传感器I/O。

在I/O名称（CAR在上面的例子中），用下划线字符前的字母表示，其中，I/O位或组用于计算机系统。其他一些例子包括：

```
LEC_SensorHomeSideUp
LR_SensorOutBottom
EDR_SensorClosed
RLR_SensorHomeSideDown
TEC_SensorHomeSideUp
AI_BallScrewTemp
```

例如：

LEC = leading edge clamp，头夹

LR = load ramp，进版坡道

EDR = exit door，退版门

RLR = roller，胶辊

TEC = trailing edge clamp，尾夹

AI = analog input，模拟输入

以下表格列出常用的scan命令：

scan bstatus	显示当前屏蔽的感应器
scan groups	显示所有的感应器组
scan presence	显示所有存在位
scan <I/O name> bon	用命令屏蔽感应器（bon = bypass on）
scan <I/O name> boff	用命令取消屏蔽感应器（boff = bypass off）
scan bits	显示所有可用的I/O位（包括特定的输出设备上那些未使用的一位）

数字输出：当发出scan指令时，I/O扫描报告的不仅是传感器的输入，而且还用来控制执行器的数字输出的状态。例如，RLR数字输出告诉压版辊向下或向上数字输出设置为0或1。当发出扫描RLR命令时，数字输出的状态随着传感器输入的状态显示为：

```
MCE>> scan RLR

Bit Name                    State Group        Bit Mask

RLR_&SensorAwaySideOn       1 b DI_Group0      00000004h

RLR_SensorAwaySideOn        ~0 b DI_Group0     00000008h

RLR_&SensorAwaySideOff      1 b DI_Group0      00000100h

RLR_SensorAwaySideOff       ~1 b DI_Group0     00000200h

RLR_&SensorHomeSideOn       1 b DI_Group1      00000004h

RLR_SensorHomeSideOn        ~0 b DI_Group1     00000008h

RLR_&SensorHomeSideOff      1 b DI_Group1      00000100h

RLR_SensorHomeSideOff       ~1 b DI_Group1     00000200h

RLR_DriveHomeSideOn         0 b DO_Group0      00000040h

RLR_DriveHomeSideOff        1 b DO_Group0      00000080h

RLR_DriveAwaySideOn         0 DO_Group0        00004000h

RLR_DriveAwaySideOff        1 DO_Group0        00008000h

*** Command Complete
```

解读传感器的I/O位状态，下面的文字是固件报告发出scan <I/O name>命令后的信息的样本。

```
MCE>> scan car
Bit Name                    State Group        Bit Mask
CAR_&SensorAwaySide         1 b DI_Group0      00000400h
CAR_&SensorHomeSide         1 b DI_Group1      00000400h
CAR_SensorAwaySide          ~0 DI_Group3       00000001h
CAR_SensorHomeSide          ~0 DI_Group3       00000010h
*** Command Complete
```

对于现场服务诊断的目的，上述显示的信息是在下表描述了几种用于呈现的字符位置和意义。

字符	位置（列）	描述
&	Bit名称	表示该位bit（位名称列下）是一个存在位。不是所有的传感器都有一个存在位。
0 或 1	状态	表示可能 存在检测信号的状态： 0 =没有检测到存在 1=检测到存在 或传感器的I／O读回状态： 0=传感器没有检测到它在寻找 （例如，小车在近端限制） 1=传感器检测到它在寻找

~	State	指示该信号在固件中被反相。换句话说，由于I/O位表示的传感器没有电或光信号，表示该点的传感器存在，反之亦然。
		例如：
		`Bit Name State`
		`CAR_SensorHomeSide ~1`
		在这种情况下，近端滑架传感器被阻塞（即I/O扫描器没有检测到回读信号），这表明该滑架已经在近端感应器中。

b	State	表示传感器被旁路。

x	State	表示传感器被旁路。例如：
		`Bit Name State`
		`CAR_&SensorHomeSide ~1xb`
		在这种情况下，检测到小车传感器近端的I/O被旁路。

*	State	表示I／O扫描不到。例如，基础全胜没有版材堆叠，所以scan DL (或scan bits)命令将显示以下内容：
		`Bit Name State Group Bit Mask`
		`DL_StackerOutHome **** DI_DPLoader_0100 00000010h`

解决方案:

下面是将各种条件下发出scan car命令后，报出的I/O位状态的一些例子:

检测到近端和远端小车传感器的存在信号，小车处在近端和远端之间的位置:

```
MCE>> scan car

Bit Name                    State Group          Bit Mask

CAR_&SensorAwaySide         1 b DI_Group0        00000400h

CAR_&SensorHomeSide         1 b DI_Group1        00000400h

CAR_SensorAwaySide          ~0 DI_Group3         00000001h

CAR_SensorHomeSide          ~0 DI_Group3         00000010h

*** Command Complete
```

近端和远端小车传感器都断开或电缆损坏:

```
MCE>> scan car

Bit Name                    State Group          Bit Mask

CAR_&SensorAwaySide         0 b DI_Group0        00000400h

CAR_&SensorHomeSide         0 b DI_Group1        00000400h

CAR_SensorAwaySide          ~0 DI_Group3         00000001h

CAR_SensorHomeSide          ~0 DI_Group3         00000010h

    *** Command Complete
```

注意，CAR_SensorAwaySide和CAR_SensorHomeSide的I/O的读回状态显示为0，但是这是无关紧要的，因为传感器被断开。

近端和远端小车传感器都连接正常，小车在起始位有限制:

```
MCE>> scan car

Bit Name State Group Bit Mask

CAR_&SensorAwaySide 1 b DI_Group0    00000400h

CAR_&SensorHomeSide 1 b DI_Group1    00000400h

CAR_SensorAwaySide ~0 DI_Group3      00000001h

CAR_SensorHomeSide ~1 DI_Group3      00000010h

*** Command Complete
```

依据以上的方法，我们可以完整地了解所有感应器的调整、测试及屏蔽的方法，也就很容易处理与此相关联的问题及故障。

第二章

机械及气路类故障

概述

在CTP系统中机械动作和气动系统是相辅相成的，多数机械的动作都是由气动装置来完成的，上下版材系统的动作都是靠一系列的气缸和气动电磁阀来运行，所以气动系统在整个CTP系统中占有重要的位置，要了解机械及气动，必须先要了解以下一些组件。

整体机架。CTP机器的主体架构，主要是机器的底座，是不活动部件。

鼓组件。鼓以及压板和铁条以及头夹组成的部件。

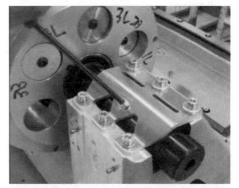

头夹组件。气缸、弹簧以及柱形槽组成的部件，压放头夹。

尾夹组件。气缸、蘑菇头、支架组成的部件，用于抓取尾夹。

胶辊组件。由气缸和胶辊组成，用于使版平滑地紧贴在鼓上。

激光头底座。安装激光头的底座，一种用于固定激光头位置，一种可用于调节激光头的位置，可根据客户的需求来安装。

丝杠组件。由丝杠、起始位支架组成，其中两端的轴承是组成丝杠运行最重要的部件。

上版系统。由上版玻璃台以及上版坡道组成，以方便版材顺利送到鼓上，坡道上有感应器。

卸版系统。卸版台以及下版坡道、退版器、旋转器等组成。

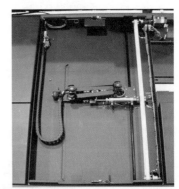

43. 输出的版材有明显较宽的纵向条杠

CTP在所输出的版材中有明显较宽的纵向条杠，如下图所示：

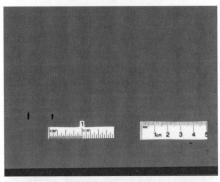

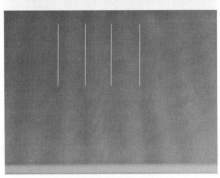

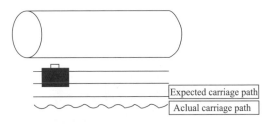

原因分析：

以上出现的问题和以下几个部件应该有密切的关系，所以应着重检查这些部件：

（1）检查小车支架系统，所出的条杠是否与图中情况一致。

（2）调整小车支架系统的电机皮带。

（3）检查丝杠、滑道是否严重缺油。

（4）丝杠移动时是否有异常响声。

（5）两端支架轴承磨损。

解决方案：

按照常规的维修检查后，发现设备的电机皮带处于正常的工作状态，拉力和振动频率都在标准值内，丝杠移动过程也不会有特别异常的响声，所以也排除了设备两端支架的问题，在检查的过程中发现丝杠和滑道上的油变得很干，咨询客户后发现有近一年的时间没有加油。分别给滑道和丝杠加上专用的润滑油，多次使用命令>>carriage moveto 5 和>>carriage moveto 1100，让润滑油充分加到支架上，重新测试出版，所有的条杠情况完全消失。

44. 成像时版材上的条杠宽于普通的条杠

成像时版材上的条杠宽于普通的条杠，间距在17.9mm左右，如下图所示：

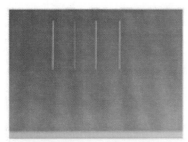

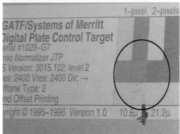

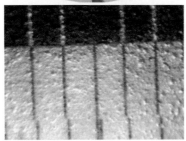

原因分析：

根据以往的经验，这种类型的故障必然和传动部分有关系，但是由于是第一次碰到这类故障，还是先用软件做了很多测试，在测试的过程中发现，无论做何种操作，故障都不会有较大的改善，但由于和激光的曝光有一定的相似性，还是更换了一些和激光有关的配件，首先更换了激光电源和MCE主板，然后和这个有关的电路部分用替换法做了测试都没有成功。

解决方案：

最后还是下定决心去检查传动部分，当我们打开丝杠两边的支架时，没有发现明显的故障，但考虑这类情况的特殊性，还是一次性更换了两边的支撑架，更换之后对丝杠进行了调整，问题终得以解决。

在本例中：

（1）当我们用pattern 1×1、3×3检查时，这种条杠比较明显。

（2）支架系统运行时不稳定，导致escan不能正常运作，从而发生产生双线的情况。

（3）如果仅是调频网严重而又必须用调频网时，则需要更换支架底座。

从以上三种情况看，如果仅仅是从软件的调整去分析问题是没有办法解决的，就算能减轻调幅网的线条，也没办法去掉调频网中的线条，所以更换有问题的配件是很有必要的，同时在维修过程中，不要只用眼睛看，像这类的精密传动机构，如果没有仪器去检测，在现场只能用替换法来解决。

45. 输出的版材在图像部位有严重的黑线出现

输出的版材在图像部位有严重的黑线出现，如下图所示：

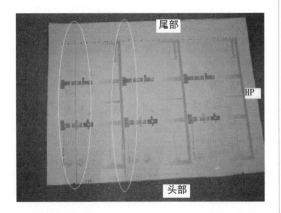

原因分析：

图中所示的问题没有规律性可言，与电路一般关系不是很大，客户的设备平时的保养也许会导致这个问题的发生。我们在检查这个问题的时候，发现客户给CTP加油时没有用到专用的丝杠油，由于每一家生产丝杠的公司都会对自己生产的产品配备相应的润滑油，如果不用或用错都会导致问题的发生。客户在这类丝杠中加入自己印刷公司用的黏度很高的黄油，同时也用WD40等除锈油清洗过这根丝杠，导致丝杠在无油的状态下运行了一段时间，造成丝杠和连接轴之间产生一定的磨损。

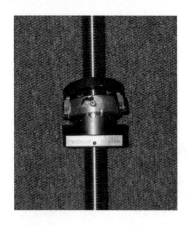

解决方案：

针对以上的情况，维修过程中如果有条件，可以更换连接轴中的轴承弹珠；如果没有条件，只能更换连接轴，更换连接轴后，加入对应的NSK润滑油，来回移动丝杠使油均匀后，让客户出版操作，之后跟踪一段时间，没有发生相同的问题。

46. 在版材的固定位置，从头到尾有纵向的细线贯穿

在版材的固定位置，从头到尾纵向有细线贯穿，如右图所示：

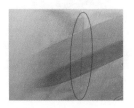

原因分析：

这个问题有点和上一问题相似，丝杠系统稍有不同，但是从维修的角度来看还是要检查丝杠和激光头小车，先输出一张测试版，发现版面的网点及黑线部分不是很正常，跟着检查小车支架，用眼睛看不出问题，执行以下操作：

（1）输入命令：`carriage moveto 475`；

（2）先用布彻底清洁滑道中堆积的黄油；

（3）再用溶剂清洁；

（4）输入命令：`carriage moveto 0`；

（5）清洁之前没有清洁过的地方；

（6）清洁完成后再依次从左到右加入专用的润滑油；

（7）输入命令：`carriage moveto 0`和`carriage moveto 475`，最少10次，最后停在原始零位。

解决方案：

完成以上操作后，输出一张测试版，出黑线的问题消失，版面网点也平滑了许多，但是客户反映，问题也不是每一张版都有，于是等待客户输出10多套版，没有发现之前的问题，从这种情况看来，很明显是客户长时间没有保养所致，这类问题在国内很多客户的现场都发生过，所以保养对一台CTP机器来说是很重要的，就算无法保养机器的电路部分，但是机械部分的加油工作，客户是完全可以做得到的。于是培训客户自己按要求加油，之后很长时间，客户设备再也没有机械问题发生。

加油操作如下：

（1）加油到滑道的左右两端，如图：

（2）重复之前的动作，在滑道的左右两端加少量的油，如下图的位置：

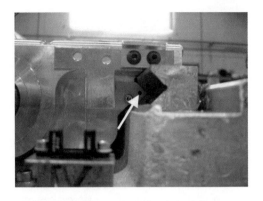 

完成加油后，重新启动机器复位到初始状态，机器工作正常。

47. 曝光后版材在像素之外有细小的黑线出现

曝光后版材上在像素之外有细小的黑线出现，如下图所示：

 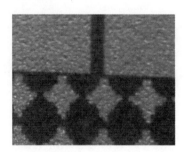

原因分析：

这种情况分两种，在维修的过程都会碰到，一种是只有一条黑色的线条；另一种是有很多短小的线条。

解决方案：

如果是第一种情况，只需要执行以下三个步骤的操作就能完成修复：

（1）某些双激光头的机器出现的情况，在单激光头的机器上一般不会出现；

（2）检查Print Console的版本并更新；

（3）针对报业的机器做CR的升级。

如果是第二种情况，难度其实也不是很大，既然它的线条是在像素之外，证明很有可能是激光在遇到障碍后曝光留下的，并且这种黑线是留在机器的头夹处居多，这时需要去检查头夹的压力。当然每一个机器不同，按正常情况需要调整相同的压力参数，但是受现在版材厚度的影响，需要对头夹压力进行微调，而通常情况下，只需要把压力调下即可，也就是松下头夹的螺丝半圈就可以了，使尽可能多的头夹间隙能满足以下要求：1.4mm、1.3mm、1.2mm、1.2mm、1.3mm、1.4mm，然后固定滑杆、螺丝使活塞不轻易改变，如下图所示：

48. 版材曝光图像区域出现不规则的纵向黑线

一些不规则的纵向黑线出现在版材曝光图像区域，如下图所示：

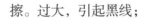

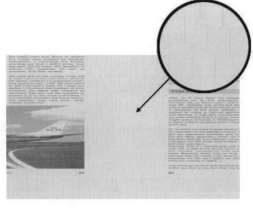

擦。过大，引起黑线；

（4）丝杠磨损或者步进电机连接器需要调整；

（5）支架支撑点损坏、干燥受阻；

（6）支架与滑道之间阻力太小。

原因分析：

引起这些纵向黑线的原因有以下几种可能：

（1）滑道及V形槽中缺油；

（2）滑道中油污太多，阻止支架移动困难；

（3）油垫没有正确安装，导致摩

解决方案：

（1）除掉激光头上的所有连接线和丝杠；

（2）用弹簧秤拉动支架，拉力应在5~7kg；

（3）如果滑道上有足够的润滑油，压力也在标准范围内，就必须更换支架的连接轴。

从本例情况看，还是没有很好地保养，致使某些机器的V形槽中少油，一般客户都容易给丝杠加油，而忽视给V形槽加油，这种槽不用加黄油，只需要加适当的硅油就行了，按正常的工作时间，每三个月最少要在此处加一次硅油才能保证CTP运行正常。

49. 多套版材输出，发生色版套印不准的情况

多套版材输出，发生色版套印不准的情况，如右图：

原因分析：

CTP很少出现每一张版都套印不准的情况，但是如果出现了这类情况，我们需要检查的地方很多，首先需要检查版的定位和版的正常移位是否正常，同时也要注意一两种机型的定位销：

（1）报业机器的上版定位销；

（2）大幅面CTP中的定位销。

解决方案：

用这两个更换程序来看这个问题的解决：

（1）关闭设备并在必要时将它从装载器分离；

（2）取下头夹和4个定位销；

（3）定位块与鼓之间取出4个定位销和绝缘带；

（4）在4个定位销孔的两面安装8个绝缘体；

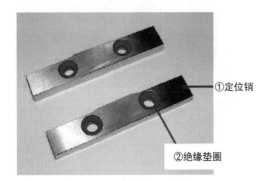

①定位销
②绝缘垫圈

（5）确保绝缘体能对准滚筒上的螺纹孔；

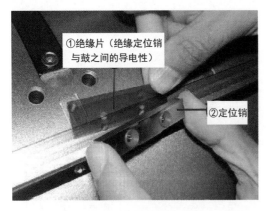

①绝缘片（绝缘定位销与鼓之间的导电性）
②定位销

（6）用万用表确保感光鼓表面和套准模块之间没有电接触；

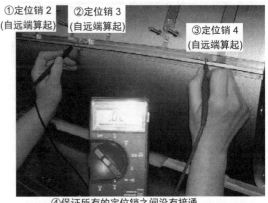

①定位销2（自远端算起）　②定位销3（自远端算起）　③定位销4（自远端算起）

④保证所有的定位销之间没有接通

（7）与拆下来的步骤相反，安装LEC头夹；

（8）开机测试。

版材曝光过程是几张版分开进行的，正常情况下CTP的套印不会存在任何问题，但对于有些套印定位销的机器，如果有问题，则需要重点检查：

（1）版材上版过程是否正常，版材是否变形弯曲等情形；

（2）检查版是否紧附在鼓上，检查压版胶辊；

（3）检查LEC头夹和TEC尾夹的压力；

（4）检查定位销是否有磨损。

经过以上步骤的检查及更换，这种类型的问题通常都能得到圆满的解决。

另一类自动上版的设备：

偶尔套版不准，检查后发现拾版器两端的吸嘴在真空关闭时未能及时地松开版材（感觉吸嘴的橡胶由于大量使用而变软了），造成版材未能及时进入鼓定位销里，从而出现版材倾斜现象。已去除最两边的吸嘴并调大了吸嘴与版材的距离，使真空关闭时能尽快地从吸嘴上脱离，使版材正常进入鼓中。

50. 有一些白线和黑线交替出现在版材上

在版材上交替出现一些白线和黑线，如下图所示：

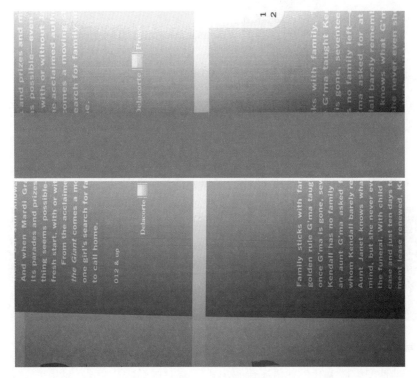

原因分析：

线的长度贯穿主扫描方向，但是线中间会中断，白色的线更倾向于曝光不足的原因，完全可以排除版材问题。但是如果仅仅是曝光不足，不会两种线同时出现在版材上，这种类型的故障点通常会比较隐蔽，不同于单一的软件或固件版本等问题。

解决方案：

从以往的经验分析看，问题应该在传动部分，在之前的维修故障中也会有丝杠出现这种情况，但是不会那么明显，可以做如下测试：

测试丝杠移动及激光头小车支架稳定性，用听诊器听出支架移动异常，那么问题可能包含以下几点：

（1）底座轴承受损；

（2）连接丝杠和底座之间的轴套松动；

（3）多次诊断激光头支架。

拆下小车支架，做完检查后，发现支架部分的轴承在移动时会有间隙，从而导致小车不稳定，针对这种问题，可以在轴承中加入波形垫片，也可以直接更换这个组件，本例中加入波形垫片后，观察一个星期没有发生相同的问题。

51. 在版材的开始曝光区域有三角形状的未曝光部分

在版材的开始曝光区域有三角形状的未曝光部分，如下图所示：

  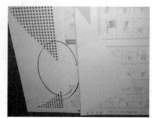 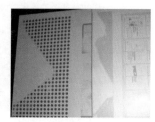

原因分析：

通常这种情况，CTP不会有错误代码出现，有时候会报出警告信息。

解决方案：

初步可认为是和激光的焦距以及版材调整方面的问题，可以从以下几个方面入手检查：

（1）检查和校正版材边缘的位置，用plot edge和Edge Test命令。检查版材在曝光时的起始位置是否正确，这个位置包括鼓的旋转位置和丝杠的左右位置。

（2）检查上版是否正常，确认版材尺寸是否正常，同时检查自动装载器的放版位置。通常情况下，版材到鼓上的位置有一定的范围，但是还是按要求去确定不同版的位置会更好一些。

（3）用plot 100的图案检查GC参数。这个参数主要是检查版材曝光时的几何参数是否有改变，通常曝光这个参数时不会有这么大范围的这种情况，几何校正一般都是很小的波动。

（4）检查版材本身是否有涂布不均等现象。如果版材在生产过程中，同一批次的问题版基或涂布有问题，也可能引起此类故障。

整个区域中某个地方出现了明显的类似图中的东西，用以上几个办法分析后，发现后面三种可能性都排除了，每次在做边缘测试时，机器的参数都不稳定且是变化的，可以检查印版的边缘检测条，这个检测条是黑色的，如果在使用过程中，经常性地用化学药水清理，很容易使黑色划伤或脱落，当我们更换这个检测条后，设备运行正常。

52. 在版材的起始端或结束端横向出现一些条纹图案

在版材的起始端或者是结束端横向出现一些条纹图案，如下图：

原因分析：

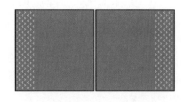

如果每次曝光都是在版的这两端出现问题，那就说明CTP部分的激光头不会有问题，但是我们在维修过程中还是需要对怀疑的部分进行检查，才能排除一些可能性。首先检查这三个方面：

（1）检查版材是否平整，两端是否弯曲。这个很重要，有时候出版人员竟然是用双手弯着版去上机器，很容易出现类似的情况。

（2）检查两端的焦距值是否超出范围，TH2.0激光头采用Foc get table命令查看起始曝光后的焦距值，如果在曝光出问题的区域出现大于200以上的值，说明这个部分的版材在鼓上贴得不是很好。

（3）检查丝杠驱动板的开关电源供给是不是最新版本，电压是否正常。如果电压出现问题，也许出现问题更没有规律性，但本例有规律可查。

解决方案：

我们分析的这种条纹就是焦距不正确引起的，而引起焦距不正确的原因会在上面的二种可能中出现，我们测试时没有把版弯着取出，而是小心翼翼地平放，以防出现这种状况；然后再检查上版过程中的问题，在上版的时候，发现压版胶辊下去的时候有点延时，动作迟缓，于是多次检测这个部位，取下压版胶辊后发现两端滑槽过于干燥，加少许润滑油之后，再测试压版胶辊，动作顺利，再次测试输出，所有问题均消失。

53.曝光后的版材在尾夹的边缘区域出现图案

曝光后的版材在尾夹的边缘区域出现图案,如示意图所示:

原因分析:

图案出现沿着尾夹的边缘,后缘位置取决于设备和版材装载方向。

(1)检查上版过程是否正常。

(2)保证版材设定的参数是正确的,所有参数接近版材供应商提供的数据。

(3)保证尾夹是平整的,并且吸尘装置工作正常。

解决方案:

经过以上三个步骤的检查,上版过程中没有发现任何问题,版材的参数是按照之前供应商提供的数据以及工程师调整好的数据,都没有问题。当我们检查版尾夹的时候,发现鼓上吸尾夹的两条铁条拱起高度不正确,如果这个高度太高,会导致尾夹也高一些,这个时候很有可能使版材的尾边不能贴在鼓上,引起这类故障,于是检查这个铁条,发现两端的螺丝有些松动,取一些螺丝胶将螺丝固定后,再测试输出,没有发现故障存在。

很多人认为,鼓的材料也是铁的,其实鼓的材料是合金的,并且表面镀了一层不导电的层,所以鼓本身也不会有磁性,如果想要让尾夹吸附在鼓上,必须要加上铁制材料,所以在鼓的表面加工环形槽,再加上较好的铁制环形条固定在鼓上,就能很好地让磁性尾夹吸附在鼓上,而不容易脱落。

54.版材尾夹处有比较严重的未曝光区域

曝光后的版材尾夹处有比较严重的未曝光区域,如下图所示:

原因分析：

主要原因是版材上到鼓上的过程不够平顺，导致尾夹边缘的版材没有紧贴鼓的表面，在聚焦过程中失焦引起，另一个原因是由于尾夹本身松脱导致，重点检查这两个地方。

解决方案：

类似这种情况，和上版的过程自然有一定的关系，尾夹松脱和尾夹上的磁体有关系，尾夹上的磁体是用胶粘在尾夹的支架上的，如果胶体老化，就极容易引起磁体脱落。

在早期的设备中还把尾夹分为两种磁极，N极尾夹和S极尾夹是为了保证吸附在鼓上更牢固，同时也不容易脱落。

还有一种情况，更早的设备中有一些用195mm长度的尾夹，虽说每一个之间夹得很牢固，但是很容易两个挤在一起，所以之后改成了193mm，改善了这个问题。

从以上几个方面分析，这类故障只需要按以上几种方法去检查就很容易解决。

55. 在加载版材时尾版夹报错

CTP设备在加载版材时报以下错误，如下图所示：

```
Error message 40665 MDH: Trailing edge clamp lock/unlock
timeout: Failed to arrive at | leave sensor. [TEC_SensorLock |
TEC_SensorUnlock]
```
（尾版夹锁定/解锁超时：不能抵达/离开传感器）。

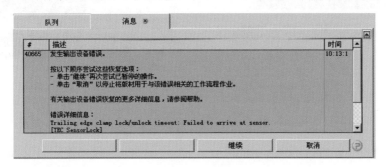

原因分析：

有两种原因可能导致这类情况的发生：

（1）空气压力到TEC的气缸过高，这会干扰TEC组件的动作。最佳空气压力为30 psi。

（2）制版机上装的一个TEC锁定/解锁传感器电缆不够灵活，造成与TEC锁定/解锁干扰。

解决方案：

在这两个因素中，我们可根据以下的办法来解决。

第一种解决方案：

（1）60 psi的空气压力表连接到8mm（5/16英寸）T型接头。

（2）把8mm长度短（5/16英寸）橙色管子插入T型接头的一侧，如图所示：

（3）根据安全策略、服务工程师工作的安全程序，把安全联锁覆盖（SIO）键切换到联锁覆盖位置。

（4）打开右侧制版机的第四个门（R4）。

（5）在Service Shell中输入命令：tec off。

（6）连接的空气压力计如图所示：

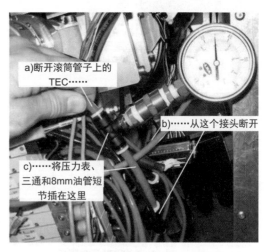

a)断开滚筒管子上的TEC……

b)……从这个接头断开

c)……将压力表、三通和8mm油管短节插在这里

（7）输入命令：tec on。

（8）松开速度控制阀螺母并转动滚花旋钮，直至压力表读数低于30 psi。

（9）慢慢调整压力设置为30 psi。从比较高的压力降到更准确的数字。

（10）输入命令：tec off。

（11）拆下压力表和8mm气管，并重新连接TEC在气缸的空气管接头上的歧管。

（12）应用扭力拧紧密封螺母上的速度控制阀。

关闭门（R4），打开SIO键切换回正常运行位置，并从开关上拔出钥匙。

第二种解决方案：

（1）找到TEC锁定/解锁传感器电缆，发现它在安装上有缺陷，电缆的接头较松。

（2）在制版机上标记接近TEC支架末端的两个连接器，以方便识别TEC锁定和解锁的传感器位置。

（3）从TEC支架的近端到底拔下电缆故障的两个连接器。

（4）切断扎带，取出背对着电缆220–02356C的故障线缆（延长线，GENINE板9到压紧辊）。

（5）沿着故障线缆相同的路径安装新的线缆。

（6）确保TEC缸完全展开并把新的线缆固定到TEC支架上，如下图所示：把电缆在电缆护套上夹紧，不用扎在电缆的末端。

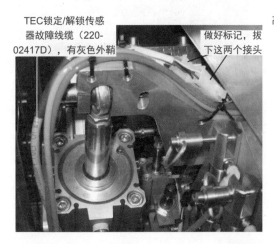

完成以上的检查和升级，这些问题都能得到解决，当然，和TEC相关的问题肯定不止这些，下面我们再来看一例和这个相关的案例：

设备在工作时依然报以下错误，但是不同的控制设备会稍有不同：

40665- MDH: Trailing edge clamp lock/unlock timeout: Failed to <lock/unlock sensor>.（MDH：尾夹锁定/解锁超时：不能锁定/解锁传感器）。<TEC_SensorLock/TEC_SensorUnlock> (MCE)。

. 15074 - ALE: trailing edge clamps failed to unlock (MPE)（ALE：尾夹不能解锁）。

. 15075 - ALE: trailing edge clamps failed to lock (MPE)（ALE：尾夹不能锁定）。

可能导致的原因是TEC的锁定/解锁传感器安装螺钉可能不能张紧。这可能会与锁定/解锁气缸的动作干涉。

解决方案：

（1）旁路绕过使用SIO的钥匙开关的联锁系统。

（2）移动滚筒至安全位置，用于把TEC放在滚筒上。

（3）移动TEC 主架到鼓上。

（4）关闭空气压力的空气调节器。

（5）打开前门进入TEC锁定/解锁机制。

（6）在两边推动TEC的锁定/解锁机构，查看TEC锁定/解锁传感器安装螺钉是否拧紧，如果传感器或螺丝在矩形金属块中松动，金属片和2mm的六角螺钉或气缸顶部将不能自由移动。

（7）如果传感器安装螺钉松动，继续执行第（8）步；如果传感器安装螺钉没拧紧，继续执行第（10）步。

（8）拧紧锁定传感器螺丝。

a. 把2.5mm螺钉拧紧到锁定传感器上，注意左侧的塑料部分，不要过紧，否则就会使塑料件破裂。

b. 拧紧右侧的锁定传感器。请注意2mm内六角螺丝，锁定传感器没有必要调整。

（9）检查锁定/解锁检测机构的螺丝是否拧紧，测试传感器以确保它们能正常工作。

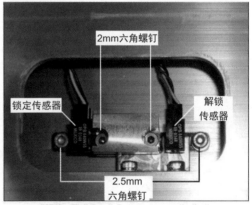

TEC锁定/解锁气缸传感器螺钉进行检查

a. 气缸滑动到锁定位置（向左）。

b. 转到Service Shell中，然后在命令框中输入命令：TEC lock，传感器显示为true。解锁传感器应该显示为false。

气缸滑动到解锁位置（向右）。

c. 转到Service Shell中，然后在命令框中输入命令：TEC unlock，传感器显示为true。锁定传感器应该显示为false。

d. 将解锁感应器位置移动到左侧1mm，并再次输入TEC命令。解锁传感器还是应该显示true，但到解锁位置的左侧超过1mm的位置时，应显示为false。

（10）如果锁定/解锁传感器调整不当（如第（8）步测试），继续执行第（10）步。如果锁定/解锁传感器调整不正确，松开解锁传感器，将其移动到左边1mm。然后，重复步骤a和b，直到传感器的行程只有1mm（+0.5/-0mm）能显示true。

（11）多次运行`tec lock/unlock`命令，锁定/解锁气缸多次，以确保它能正常工作。

通过以上分析，关于TEC尾夹部分的故障很容易分析出来，解决起来也就得心应手了。

56. CTP系统气压过低

CTP设备在工作过程中报错：`Error #45234 PRD: Warning: System Pressure Low`（PRD：系统压力低）或者`15509 ALE: System air pressure too low`（ALE：系统气压过低）。

原因分析：

当系统压力超出范围时。无论是压缩空气压力过低或过高，都会出现此错误信息，但是它不是一个完全固定的数字，设备气压值也有一定的范围，也就是说超过了这个范围值，设备就会报错，当然影响这个值的部件也不少，下面我们先来看以下几个方面：

（1）压缩空气被关闭。

（2）压缩空气从软管或过滤器泄漏。

（3）NVS参数"al ast"设置不正确。

（4）有与空气压力系统和ESE板之间的连接出现问题，连接头为J36。

检查供气压力的压力调节器。

确保空气被打开。

检查所有空气软管和过滤器是否漏气。

检查默认值为"al ast"参数。它应该是60 psi。

（5）确认连接器J36上的ESE主板固定到位。检查黑色、红色、绿色和黄色电线的状态。

解决方案：

调整气压为正确的值——全胜基本型为80 psi（552千帕），AL机型为90 psi（621千帕），同时注意调整空压机的启停压力值。

如果一切正常，则问题可能由于空气供应系统容量不足的压力波动而引起，有一种情况是，每当早晨的时候就会报这个错，经过检查，发现是北方的很多压缩机都放在外面，晚上太冷导致传输管子中有少量水结冰，致使管道堵塞，气压降低。干燥机内部的压缩机温度调得过低，使局部结冰也会导致这类问题的发生。

如果以上的检查都是正常的，而且出现的概率不是很高，这类错误消息将在下一个版本的CR中用软件来解决。

57. 进版坡道超时

CTP在工作时经常报以下一个或多个错误：

40667: MDH: Load ramp timeout: Failed to <Action> sensor（进版坡道超时：不能触发传感器）。

40747: MDH: Ramp to load position timeout: Failed to <Action> sensor（进版坡道到装载位置超时：不能触发传感器）。

40748: MDH: Ramp to unload position timeout: Failed to <Action> sensor（进版坡道到卸载位置超时：不能触发传感器）。

原因分析：

上述的错误信息或更多发生。在某些情况下，进版坡道可能碰到了鼓。

一些全胜直接制版机进版坡道在工作时，可能存在以下问题：

（1）液压缸杆端没有涂Loctite 242黏合剂；

（2）没有在活塞杆上安装正确数量的7.5 mm厚垫片。

无乐泰胶（Loctite），缸杆端可能在操作时脱开杆和气缸，直到最后坡道组件落向滚筒。气缸的行程并不限于足以防止负荷击中鼓的坡道。

（1）在气缸杆端涂乐泰242黏合剂。

（2）如果需要，在气缸杆安装正确数目的衬垫，如下图。

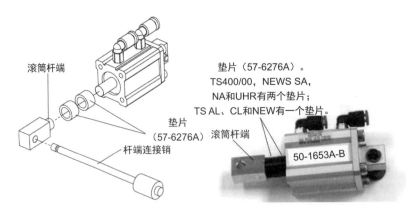

滚筒杆端

垫片（57-6276A）。
TS400/00，NEWS SA，NA和UHR有两个垫片；
TS AL、CL和NEW有一个垫片。

垫片（57-6276A）

滚筒杆端

杆端连接销

50-1653A-B

解决方案：

简单理解就是连接气缸的固定接头没有用黏合剂固定，导致在不停的工作运动过程中脱落，所以在出现问题的时候，如果能及时检查这个部分，固定之后加入乐泰螺丝胶，就不会有后顾之忧了。

另一种情况是由于坡道两端的固定位置直接压在两边的薄板中，也常有脱落的现象，如果只是单纯的坡道铝板脱落，能固定就固定，如果不能修复，也只能更换这个部件了。

58. 输出黄色版时能隐约看到版上有蓝白线

CTP在输出黄色版时能隐约看到版上有蓝白线，机器没有任何报错。这类细线如右图所示。

原因分析：

右面的这张图不是实地图，是80%的平网。初步判断为小车传动部件这一块，移动的精度不够，再加上黄版是90°，所以黄版是最容易看出来的。

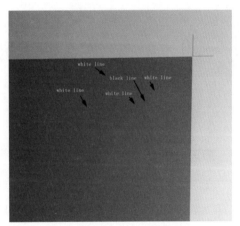

调频网的网点因为是不规则的，如果线在黄版上比较明显的话，在调频网上出现的状况应该是线很短，甚至是呈现白点和蓝点的现象，更不容易察觉。

出四色版材时，黄版上能看见满版有间隔均匀的蓝白细线，程度稍轻的印刷品是没有问题的（如果客户要求，我们还是要解决的），程度重的会影响印刷品的质量，要与鼓窜动的蓝线区分开来。

一般情况下，版材上出现类似于起杠、细线的症状，首先想到的是调整一下版材参数，出现起杠的情况一般调整一下focus offset后会有明显的好转，但细线大部分会依旧存在，有些机器调完参数后细线就正常了。针对细线可采取以下解决措施：

（1）首先要对激光头做系统的测试，例如砍像素、运行相应script、降低鼓的转速等。

（2）做完第（1）步还是没好转的，可能需要更换个新激光头做测试。

（3）如果新的激光头测试完以后问题依旧，可能需要做以下三个步骤之一来消除问题。

解决方案：

①建议客户更改出四色版材的角度，在原有出版角度上±7.5°都行，只要黄版偏离了90°，细线应该会消失。但更改角度会有撞网的隐患。

②更换传动部件，如小车、滚珠丝杠、电机支架等。

③在GC命令下更改sscale参数，例如，将此参数更改为−500或−1000。更改完后细线也会消失，但缺陷是客户的文件长度会缩短0.5mm或1mm。不必担心缺失的0.5~1mm，因为客户的后期裁切精度会弥补掉这部分的缺失。

相对来说上述三种方法，只有③最方便，耗时最短，成本最低。

如果更改网角没有什么用，建议可以检查版材参数中的escan，可以从1改成0试试。如果输出调频网，黑白线就会消失，输出的版材没有任何问题，在一些老机器中这种现象几乎没有，而新机器中比较频繁一些。区别只有丝杠和导轨，不要把问题完全锁在轨道部分，有些问题最终的结果是出现在丝杠两端的支架轴承上，由于轴承的加工工艺、支架的加工工艺和装配有一些不良，也会导致这类问题的发生，最终精确地装配好对装轴承就能很好地解决问题。

59. 版材在头夹咬口处出现长度不一的细白线

客户版材在头夹咬口处出现长度不一的细白线。

原因分析：

在四代的CTP上，有时会在咬口处有1~2cm的细线，正常情况下不会影响客户印刷的内容，但针对将版材出满版的文件的客户，或者客户一定要去掉这种线的，需要提供方法去改善这种问题。

解决方案：

（1）调整focus error值到负值，如果客户有0.15的版材，将此版材focus error值调整到0左右，应该就会有改善。

（2）调整头夹的开口角度，此法需要调整LEC两边气缸的行程，从而改善LEC版夹的开口角度，正常的六个尾版夹的开口角度是1.4mm、1.3mm、1.2mm、1.2mm、1.3mm、1.4mm，可以减小或增大开尾角度来测试是否有改善。

操作调整头夹要领：

（1）转动鼓，手动将 LEC 压下，使之与 LEC 夹具紧密结合，然后用泡棉固定鼓的位置。

（2）调整 LEC 与鼓的间隙：

①开气，调整 LEC 活塞的杆，将控制冶具放在 LEC 档，按下开关LEC on，用塞尺测量6个 LEC 夹具张开的间隙的大小，使尽可能多尾夹具间隙使之满足以下要求：1.4mm、1.3mm、1.2mm、1.2mm、1.3mm、1.4mm，然后初步固定杆，使活塞不轻易改变。

②记下不满足间隙要求的压条的位置，关气后将 LEC 取下，放到工作台上，通过更换不同厚薄压条或者加垫片的方法，来调整不符合要求的压条的厚度（压条厚，间隙大）。

③重新安装 LEC，测量间隙，重复以上动作，直至间隙满足标准要求，然后将活塞杆紧固。

（3）调整 LEC 活塞同步。

（4）开气调整 LEC 活塞的两个调整螺母，并观察 LEC，直至 LEC 两头同时离开和接触尾夹。反复判断几次，然后固定调整螺母，并再次确认。

注意事项：

（1）每个头夹间隙满足要求：1.4 mm、1.3 mm、1.2 mm、1.2 mm、1.3 mm、1.4 mm。

（2）多判断几次，再固定，最后核对确认。

（3）每次测量后，需重新开关一次 LEC 后再进行下一次测量，以减小误差。

调整完毕后，如果还有轻微的细线，可根据客户的要求再次进行精调，可以在LEC上多按压几次，看每一个LEC的弹力是否一致。如果有的LEC在安装调整完成后有按压的异响，可以适当松动螺丝，直到输出的版材没有细线为止。

60. 压版胶辊超时

CTP设备在启动时报错：Roller timeout: Failed to arrive at sensor [RLR_SensorHomeSideUP]（胶辊超时：不能抵达近端传感器），并且在机器启动时，胶辊会有两次碰到鼓的声音。

Print Console中的错误信息如下图：

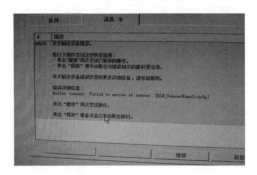

原因分析：

通过报错的信息，我们不难发现这个问题的发生部位是上版胶辊初始化的过程中报错，也就是说机器在初始化的时候没有找到正确的位置，于是再找第二次，如果第二次还是无法找到正确的位置，就会报出错误信息。

解决方案：

首先我们进入Service Shell诊断软件中，用rlr或roller命令看设备胶辊的状态如下：

```
TSIV>> rlr
Roller drive                      = Off drum
Roller off drum sensor (home)     = Unblocked
Roller off drum sensor (away)     = Unblocked
Roller on drum sensor (home)      = Unblocked
Roller on drum sensor (away)      = Unblocked
Drive matches sensors             = No {!}
*** Command Complete
```

显然，打开这个命令后，发现胶辊的4个状态是不正确的，于是询问客户是否动过这个部件，客户讲明动过但是是按之前的位置安装的，于是打开前盖，发现胶辊的安装活动套装反了，如下图：

正常情况下，这个U形活动套应该是向上安装的，如下图：

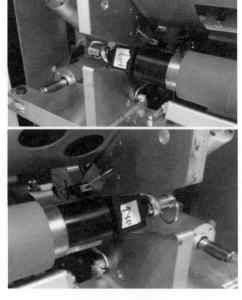

调整完成后，安装好胶辊，用命令rlr off查看状态如下：

```
TSIV>> rlr off
S MDH:  (ID:32795) Roller up
*** Command Complete
rlr
TSIV>> rlr
Roller drive                       = Off drum
Roller off drum sensor (home)      = Blocked
Roller off drum sensor (away)      = Blocked
Roller on drum sensor (home)       = Unblocked
Roller on drum sensor (away)       = Unblocked
Drive matches sensors              = Yes
*** Command Complete
```

```
TSIV>> rlr on
S MDH:  (ID:32795) Roller down
*** Command Complete
rlr
TSIV>> rlr
Roller drive                       = On drum
Roller off drum sensor (home)      = Unblocked
Roller off drum sensor (away)      = Unblocked
Roller on drum sensor (home)       = Blocked
Roller on drum sensor (away)       = Blocked
Drive matches sensors              = Yes
*** Command Complete
```

我们可以看到胶辊的两种状态分别是在鼓上和离开鼓的状态，都是正确的。

另外我们在维修过程中还需要检查：

（1）确保胶辊转动自如。检查胶辊压到鼓上的转动是否有异常，两端的轴承座结合处是否顺畅。

（2）检查面板上的进版坡道。弯曲的面板可引起其他卸载问题。

（3）使气管压力为30 psi，一般来说稳定降低冲程的压力，好的版材才能耐受较高的辊子压力。

61. 编码器相位锁定回路不能锁定

CTP设备在工作过程中有时候会报错：

38120 MPC: Phase Lock Loop losing lock（相位锁定回路丢失锁定）。

38190 MPC: Phase Lock Loop possibly losing lock（相位锁定回路可能丢失锁定）。

原因分析：

设备GMCE频繁发生PLL错误，但编码器的测试结果是正常的，引起这类错误可能有以下原因：

（1）编码器轴磨损。

（2）支架轴承磨损。

（3）支撑轴承磨损引起的编码器轴磨损。

解决方案：

（1）让鼓在100r/min的状态下连续旋转，看是否是正确的转数，用命令：

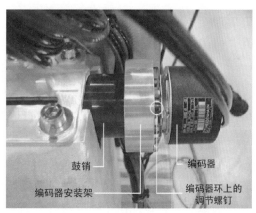

鼓销 　 编码器
编码器安装架 　 编码器环上的调节螺钉

```
>>PLL on
>>PLL STATS
```

>>DRUM SPIN 100

（2）通过拆除适配器，并用手指测试该轴承的转动情况。

（3）旋转适配器用手感到旋转不畅或有跳动。

（4）如果发现有旋转不畅或跳动的情况，要更换适配器板和轴承，如果有精度高的加工条件的，可以打磨后再试。

（5）如有必要，要更换编码器主轴。

在极少数出现问题的设备中，如果出现编码器故障，并且问题很难重复，可能客户出几百张版才出现一次，就必须考虑是这方面的问题，注意移除该编码器时，要使用专用传感器测试仪以及编码器适配器、夹具重新调整编码器位置。

62. 自动拾版器真空超时

自动上版的CTP设备报错：MCE设备中报 40404: MDH: Picker vacuum time-out: Failed to achieve vacuum threshold (<Threshold>) within <Timeout>ms (only reached <ActualValue>). [<I/O name>]（拾取真空超时：未能在指定时间里达到所需真空值）。在MPE设备中报15177: ALE: picker vacuum below threshold（拾取真空低于所需真空值）。

原因分析：

版材拾取器真空超时错误，当试图抓取版材时所在的抓腕并没有抓取堆叠版材，引起的原因是抓腕或者拾取头进出气缸泄漏导致，而由于此类的错误可能会引起以下两种连带错误：

（1）飞版，如果两个版材没有装载成功。

（2）焦距错误。

（3）一个或两个同时装载的版材可能击中损坏LEC。

原因之一：尚未安装的拾版感应器的升级。

当拾版传感器升级到更新的支持固件，传感器可以检测到Wristing运动是否完成，并确保拾取头不再向前移动，此外，该传感器可以检测拾取周期内拾腕气缸是否存在泄漏点（内部活塞密封件由于低的空气流而破碎），以便进行修复，重新保持气缸处于密封状态。

原因之二：拾版气缸或拾取头气缸泄漏，其原因可以是泄漏的气缸体或泄漏的接头或管。

原因之三：泄漏的接头或管，如果接头或管有泄漏，可能会导致流量不足将通过活塞在气缸内部的密封件。这会破坏密封，造成气缸漏气。

解决方案：

针对以上三种原因，可以采取以下解决方案：

（1）安装拾版感应器如下图。

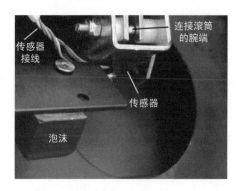

（2）检查泄漏的气缸。

①用手指阻挡自动加载机气管分配两端的4个排气口。

②如果你觉得压力的积聚超过15s，那么气缸有泄漏的地方。

③要确定哪个气缸泄漏（拾腕或拾取头输入/输出）。

a. 从分配器侧拔掉气缸的管子（这侧没有压力，通过速度控制的限制来控制该气缸的动作速度）。

b. 如果听到嘭声弹出和气缸动作，那么就说明有大量的流量经过气缸。气缸重新密封之前拔掉气管。

c. 插上管子回分配器，看看是否能感受到少量的空气。如果不是这样，气缸能继续工作一段时间；如果是这样，更换所述的泄漏气缸。

（3）漏气的接头或管可以类似表现为泄漏的气缸的症状。检查所有接头使用3/8英寸的管作诊断。将一端连接到你的耳朵和其他有问题的配件。这个办法很好用，比用手指感受泄漏的效果要好。即使问题被认为是接头泄漏，如果机器没有安装拾版传感器就需要尽快安装升级。

尝试运行拾取器，看看气缸本身重新密封的情况。并数次用下面的命令：

```
>>picker up
>>picker in
>>picker wrist in
>>picker wrist out
>>picker wrist in
>>picker wrist out
```

```
picker out
picker in
>>picker out
picker in
>>picker wrist in
>>picker wrist out
```

当拾版器移动时，有约30s的延迟，然后才能将其移回到其他方式，经过这一轮处理，通常这类问题就能够解决。

63. 自动上版时抓取多张版材

全自动CTP在上版时会抓取多张版材到机器上。

原因分析：

拾取头的行程距离调整不当。如果螺丝控制拾取头移动到版堆栈的距离调节不正确，机械臂头部进入堆栈的距离会过远。这给版材施加过大的压力，逼出了印版之间的空气，导致它们黏在一起。这样就容易发生拾取双张印版（尤其是0.15mm厚度的版材），也可能发生以下错误：

（1）错误消息和操作中止。

（2）图像问题（如果曝光成功版才能正确上鼓成像，这应该是极为罕见的）。

（3）飞版导致版材脱落。

（4）一个或两个版的前缘都损坏（击中LEC夹或套准销跌落）。

（5）焦距错误。

解决方案：

调节拾版器头的行程距离：

打开前盖，移除版盒中的版材

在Service Shell中输入命令：

```
picker up
picker in
```

（1）输入命令 `picker wrist in` 调整螺丝，将螺钉设在上拾取头两侧开槽的孔，如图：

用尺子来测量拾取头后面的差距和版盒后面的版材。该间隙大约为25~30mm，而应该是整个拾取头的背面一致，如果间隙小于25~30mm，或者是两端不一致，继续执行第（1）步。如果间隙为25~30mm，并且整个拾取头的长度一致，执行第（4）步。

远端拾取头
调节螺钉

（2）在拾取头两侧，用一个可调扳手将螺母拧松，另一个螺丝用2.5 mm的六角扳手调节。从槽的顶部向下滑动到适当的距离（大约3mm，用于拾取头和负载托架后面版之间的25~30mm的间隙）。确保拾取头两侧在调整后与槽的顶部的距离相同。

通过以上步骤的调整，双张上版的情况一定会得到极大的改善。

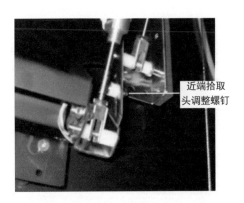

近端拾取头调整螺钉

与槽顶的距离为3~5mm

在Service Shell中输入命令 `picker out` 和 `picker down`。

（3）加载多一些的版到版盒中，并发送多一些的工作，检查版的拾取情况。

（4）如果没有消除双张的问题，认为进/出气缸拾腕或拾取头有泄漏的可能。

此案例中，主要问题还是在拾取头与版盒之间的间隙过紧所致，调整完这个间隙后，拾取头抓版就没有那么紧了，也就不会出现装载双版的情况。

64. 卸载版台推动滑架在旋转杯处处于非安全位置

卸载版台推动滑架在旋转杯处处于非安全位置，设备报错#15306: `Unload carriage not in safe position to rotate cups`（卸载滑架与旋转杯不是处在安全位置）。

原因分析：

通常情况下有以下两种原因：

原因1：版材偶尔在卸载过程中卡在头夹处，导致卸载滑架来试图拉动版材夹具时失速。

原因2：旋转位置传感器不工作。

解决方案:

解决方法1: 改变自动上版CTP鼓卸载偏移量参数来打开上版和下版过程中LEC的位置。

上版:

首先设定 LEC的位置:

（1）初始化整个自动组件: `ale init`。

（2）查询鼓的位置: `drum`。

（3）验证LEC执行器与鼓的位置是一样的，再查询滚筒的位置: `set al lepos`。

（4）如果两个参数不同，设定`set lepos`的参数，第二步查看鼓的位置: `set al lepos <drum query>`。

（5）存入参数: `nvs save al`。

下版:

打开维修钥匙到`laser hazards`位置后开前门。

参数为90的新编码器启动一个"`al duoff`"，或者参数为125的旧式编码器: `set al duoff 90` (或者125)。

计算出"`al lepos`"减"`al duoff`"（等于<NN>），把鼓移动到这个位置: `drum move <nn> h`。

激活LEC: `LEC on`。

转动机器到阻挡飞版光束的位置。这个动作将使滚筒闲置。如果滚筒移动，就要使LEC支架落在夹子的缺口，说明"`al duoff`"参数太小。增加此数直到鼓移动到不再闲置时。

如果在鼓闲置的时候，滚筒移动使LEC的支架落在背面，该参数已经增加太多。如果置换值过大，尾夹会掉下来，要对着胶片导向器。这最后的检查并不明显，测试它通过尝试将胶片导向器推近鼓位置。

解决方法2:

（1）用"`table move home`"命令将卸载台滑架送到原位（home）位置。

（2）输入"`table`"命令来查看传感器的状态。如果旋转位置传感器显示为true，则传感器不工作，因为当传感器发生故障时，无论卸载滑架的位置在什么地方，它都会显示为true。

（3）去掉卸载台外盖，可看到这个传感器的位置。

旋转位置传感器

不要轻易屏蔽此处的感应器，在老的机型中，有时候会在旋转处忽略感应器，没有到位置而转动，使旋转器损坏。

65. 版材出现去不掉的细小黑线

在全自动的CTP设备中曝光的版材，有时会出现细小的黑线，无论怎样调整输出版材的条杠都无法消除，如右图所示：

原因分析：

通过更换小车电机及相关的测试工作，认为还是在近端支架上出现了问题，并且由于长期的动作，丝杠可能有些窜动，我们在这个故障类型中学习如何更换小车近端支架。

解决方案：

（1）为了减轻小车正时皮带的张力，用8mm套筒棘轮释放螺丝，但不能去掉，用4个螺丝将滑架电机总成固定在托架梁上。

（2）拉过来托架电机链轮，卸下电机正时皮带。

（3）使用3/16英寸的六角扳手卸下铜色紧固环。

（4）松开皮带轮。

①在滑架滑轮的端安装夹具。

②使用27mm的开口扳手夹住丝杠。

③使用扭矩扳手作为反力，并旋转夹具，直到滑轮松动。

（5）从螺杆上取出滑轮、弹簧垫圈和内凸缘。

（6）拆下小车滑架阻止支架。

（7）卸下4个螺丝连接。

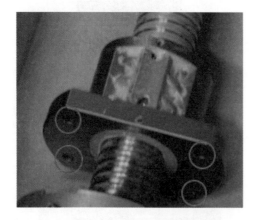

（8）拆下用来固定线缆轨道的2个螺丝。

（9）拧下近端固定轴承箱的4个螺丝。轴承外壳上有两个定位销。从丝杠轴承上抬起轴承箱，小心地取出轴承座。不要从远端轴承箱取出丝杠。如果需要，要有帮手保持丝杠的位置不变。

（10）小心地取出小车支架。

（11）放入备用小车支架。

（12）用4个螺丝和垫圈重新装上近端的轴承箱。确保套准销完全插入轴承箱。

（13）用新的垫圈、滑架连接到耦合。

（14）重新将内法兰盘安装到丝杠上。

（15）重新安装线缆轨道。

（16）重新将滑轮和弹簧垫圈安装在丝杠上，如果垫片是2个，建议增加到3个。

（17）用27mm的开口扳手夹紧螺杆。

（18）在皮带轮安装夹具，并用扭矩扳手以38N·m的扭矩固定滑轮。

（19）重新装上小车正时皮带。

（20）重新安装热敏成像头和z-stage组件。

更换完成后，按照更换电机的方法测试完版材，没有发现有细线的情况，后续跟踪时客户反映CTP运行正常。

66. 安装TH1.7的激光头时遇到的问题

Magnus 800 CTP设备安装TH1.7的激光头时遇到问题。

原因分析：

在一些新设备中，客户根据生产需求的速度，可能会安装一些TH1.7的激光头，从而降低成本，但在安装过程中会有一些问题，归零TH1.7激光头出现问题时，当试图向前或向后滑动TH1.7激光头，头部倾斜和侧向移动。如果托架是正确的规格，TH1.7激光头应该只能在托架上前进和后退，而不是倒向一边，倒向一边就不可能同时锁定用于固定头滑架的所有3个锁扣。

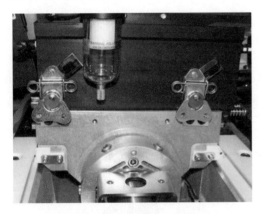

有两种原因会引起这类故障：

（1）TH1.7激光头和滑架之间的间隙小于0.3mm。

（2）Tilt倾斜参数需要调整。

解决方案：

（1）试着将0.3mm的塞尺（或0.3mm版材）插入TH1.7激光头和托架之间。

（2）如果TH1.7激光头和滑架之间的空间小于0.3mm，要订购替换支架，当然如果只是换激光头时发现这个问题，可以不需要更换支架。

（3）如果不是TH1.7激光头和托架之间的空间所造成的问题，那么问题可以通过调节倾斜来解决。调整热敏激光头倾斜需要头的位置螺丝和倾斜螺丝，直至曝光出来的线条正常。

新型号的CTP中如果装入老版本的激光头，主要区别是激光头的底座不相同，所以安装时也会稍有不同，有时需要更换锁扣，只要注意以上提到的一些事项，都能够顺利完成安装和维修。

67. 无法卸载曝光后的版材

Magnus 800自动CTP卸载平台无法卸载曝光后的版材。

原因分析：

具有改进的传动装置组件替换原始的传动装置组件。改进的传动装置组件比以前的装置更大。整个平台的重量很大，执行器的薄弱部件容易损坏。

解决方案：

具有改进的传动装置组件替换原始的传动装置组件。改进的传动装置组件比以前的装置更大。卸下现有的装卸平台传动装置组件。

完成这两个左、右装载平台制动器组件上执行下列步骤：

（1）从Magnus 800计算机直接控制软件，提高制版机罩和装卸平台。

（2）关闭制版机电源。

（3）在载物台弹簧的末尾插入一把螺丝刀。拉动螺丝刀到弹簧被充分伸展的安全位置，将其在支架轮槽卸下。

（4）关闭通往制版机空气压力。

（5）通过执行器提起装载平台执行器的锁销。松开上版平台动臂。

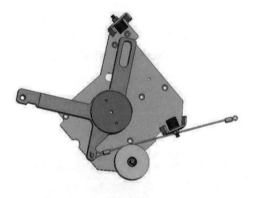

（6）卸下7个将载物台驱动器固定到装载平台的螺丝，用钳子从原来的驱动器上拔出安全电缆（和连接弹簧）。

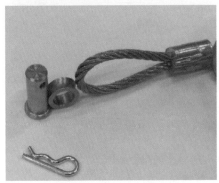

安装装卸平台传动装置组件：

（1）安装（在上一节中卸下的）安全线，以替代制动器。

（2）用7颗螺丝将装卸平台执行器固定到装载平台上。

（3）打开通往制版机的空气压力。空气压力使载物台上升。

（4）将载物台弹簧安装到U形钩上。

（5）在载物台弹簧的末尾插入一把螺丝刀。拉动螺丝刀到弹簧被充分伸长，将其安装在支架轮槽上。

（6）拆下连接到装载平台执行机构的空气管。这样可以更轻松地插入载物台驱动器锁销。

（7）重新安装载物台驱动器锁销。

（8）重新将空气管连接到装载平台执行机构上。

（9）放下装载平台和制版机罩。

（10）打开制版机，执行几个载荷循环，看上下版材是否正常。

在有些维修中，我们可以看得到设备某些地方是有问题的，可以通过更换来解决，但是更换完成后，需要多次测试，本例中，需要循环测试后方可发送客户文件，以确认维修是否成功。

68. 去除版材衬纸时不顺畅

Magnus 800设备在去除版材衬纸时不顺畅。

原因分析：

和生产版材有关的选项中，衬纸的工艺在每一家生产版材的厂家也是不一样的，有的衬纸厚，有的衬纸薄。本例中改善衬纸处置的Magnus 800自动载入器故障排除技巧。

引起衬纸故障的原因有以下几项：

（1）衬纸滑动。

（2）衬纸辊防静电接触不良。

（3）版材堆叠高度。

（4）衬纸黏在版和/或纸处置滑动延伸板上。

解决方案：

实施以下故障排除技巧，以提高Magnus 800自动载入器的衬纸处理：

（1）在存储版材的同一个房间使用Magnus 800计算机直接制版机。

（2）在使用至少48小时之前打开版材的大包装。

（3）在版材被装入版盒之前用风扇吹下。

（4）用一根接地电缆对地连接到纸张处置滑动扩展板，减少静电产生。

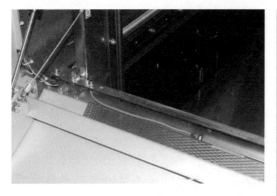

（7）将24V除静电装置的接头插到自版盒MSB连接器I28中，此离子风机能有效地去除静电。

（5）如果衬纸在移动到达处置辊时停下，试吹衬纸或用手指轻轻推它。如果衬纸脱落，那么问题可能是由胶辊防静电刷子的毛的长度引起的。要解决此问题，可以切断几毫米的毛刷来解决。

（6）在版盒中加入除静电装置。

静电的危害直接影响机器的输出，虽然不是主要原因，但是每一张纸都需要用手去取，就失去了自动制版机的功能，有效利用以上的办法可以解决实际的生产问题。

69. 版材在装卸载过程中发生超时错误

一台VLF大幅面的CTP开机后报错：Engine actuator/roller cylinder timeouts（引擎执行器/胶辊气缸超时）。

原因分析：

版材在装卸载过程中发生超时错误，错误信息号码范围在15079到15848之间。可注意到胶辊传感器、尾夹传感器或头夹传感器被屏蔽，超时信息包含如下：

（1）ALE: timeout moving leading-edge cylinder (error number 15079)（移动头夹气缸超时）。

（2）ALE: timeout moving roller cylinder (error number 15082)（移动胶辊气缸超时）。

在大多数情况下，执行器没有问题，除非移动气缸问题很大。"time engine"命令可能会有所帮助，但应该按程序中描述的进行手动检查。

执行器和胶辊使用的传感器是磁簧开关，相当可靠。电线不缠绕，因为它们连接到所述引擎的端板。簧片开关很容易地就能持续数百万个周期，远长于气缸。上面的制动器中的一个超时错误可看作是一个真正的错误，即使它不能稍后使用诊断程序再现。判断不可能是簧片开关故障。

如果有传感器被屏蔽，另一些点也可能是一个问题。仔细检查气缸。传感器名称显示在下表中。对于Platesetter 3244，0表示启用，1表示禁用。其他机器以1为启用，0为禁用。

机器类型	Trendsetter 3244	Trendsetter 3244 auto	VLF Trendsetter	Platesetter 3244	VLF Platesetter
	0 = 无效	1 = 有效	1 = 无效	0 = 有效	1 = 有效
尾夹感应器	Al nte	Al tes	Al tecs	Al nte	Al tecs
头夹感应器	Al nle	Al les	Al lecs	Al nle	Al lecs
胶辊感应器	Al nrs	Al rs	Al drs	Al nrs	Al drs

如果传感器被屏蔽，且机器遇到以下问题之一，其中有气缸可能是坏的。

（1）版材飞版错误；

（2）版材加载和卸载过程中受到干扰；

（3）版没有在主扫描方向不能针对小图像；

（4）对焦错误；

（5）边缘检测错误；

（6）尾夹跌落；

（7）图像倾斜；

（8）版材某些区域出现条杠。

解决方案：

如果问题才刚刚开始，并且没有干扰执行器，无明显的机械问题，可以屏蔽传感器作为一项临时措施。如果错误是可恢复的，用屏蔽传感器屏蔽会更好。客户会要求永久解决此问题，必须单击"resume"到错误再次出现。当执行机构确实没法完成的时候，需要单击"resume"以完成其动作，机器会继续下去。

要彻底检查气缸，请执行以下操作：

使用time engine命令，捕获文本，并将其保存为E盘的：\service目录下。和以前保存过"time engine"捕获文件。比较其结果，并参阅时序规范可得出结论。

虽然传感器可能是好的，也可快速和容易地进行检查，backbone磁簧开关及两个感应，当气缸延伸并且读出时，气缸缩回。检查螺丝有没有松动，电线有没有损坏。

检查磁铁是否有螺丝松动。可以使用诊断命令来读取传感器以验证它们都工作正常，机器可以获取它们的状态。簧片开关检测仪也可以用来验证开关。如果诊断命令无法读取开关，但磁簧开关测试仪显示它们都很好，故障可能出在线路或LUE/引擎主板上。

检查超时值，并确保它们被设置为默认值。

按下空气电磁阀的蓝色按钮并激活执行机构几次。确保它平滑的移动，并且这两个气缸移动速度相同。如果一个气缸动作太慢，backbone将绑定，特别是在3244引擎处。

注意：在VLF引擎的尾夹气缸可调整，使一个气缸的动作稍微比其他快。两个气缸之间的时间差应小于1s。

检查缸轴是否有光泽和干净。如果可以看到缸轴上有黑色标记，表示密封磨损，气缸必须更换。用下面的步骤检查气缸。

检查空气压力，使用空气压力测试仪检查气缸。胶辊气缸和TEC气缸都有一个独立的压力调节器。后缘夹紧缸应为40 psi，胶辊气缸应为30 psi。辊压力可低至15 lb，以防止出现上版辊痕。较早的3244制版机有两个独立的压力调节器的TEC气缸，所以要检查两个TEC气缸的空气压力。调节器位于所述软管托盘沿着引擎的前侧下部。如果没有软管托盘，该引擎是较新的版本，单一的调节器要被设置在空气隔断。如果改变了空气的压力，再次运行"engine time"，并根据需要进行调整。

检查是否有漏气。如果有泄漏，你应该听到嘶嘶的空气从舱壁排气口排出，当机器处于闲置状态的时候，无法知道哪个气缸漏气。当你推动连接到漏气缸电磁阀的蓝色按钮，泄漏将暂时停止。

如果执行器的错误是在尾夹，检查夹具是否有损坏。未对齐或损坏的TEC会导致驱动器错误，因为它们可以防止TEC backbone移动一路下跌。

验证鼓的位置是否正确，TEC的停放位置和LEC位置是否正常。

通过以上步骤的调节及测试，在这些CTP设备中，可以有效地处理LEC头夹、TEC尾夹以及胶辊3个部件的标准操作及校准，也就能很好地处理问题。

70. VLF大幅面CTP系统气压过低错误

VLF大幅面CTP报系统气压过低错误：System Air Pressure Too Low for Trendsetter VLF (error number 15509)（全胜大幅面的系统气压过低，故障编号15509）。

原因分析：

引擎电路板（ESE）测量系统空气压力低于由NVS参数"air_supply_thresh-old"（al ast）指定的阈值。可能存在的部位和原因：

（1）压缩空气被关闭。

（2）压缩空气从软管或过滤器泄漏。

（3）该NVS参数"al ast"设置不正确。

（4）与空气压力系统和引擎电路板（ESE）板之间的连接出现问题，检查连接器J36。

解决方案：

检查供气压力的压力调节器，则：

（1）确保空气被打开。

（2）检查所有空气软管和过滤器是否漏气。

（3）检查默认值为"al ast"参数。它应该为60 psi。

（4）确认连接器J36上的ESE板固定到位。检查黑色、红色、绿色和黄色的电线的状态。

如果一切正常，则问题可能是由于空气供应系统容量不足使压力波动所引起的。

气压校准调整方法：

针对没有当前参考值的调整方法：

（1）从压力传感器连接香蕉插头到福禄克毫安表。如果压力太离谱，调节压力调节器，直到电流是17.70mA ± 0.2mA。

（2）输入cal pressure sensor j3J3<mA>，其中毫安是对毫安表（例如，校准压力传感器J317.694）的读数。

（3）输入cal pressure sensor ref cal NUMBER。CAL后的号码是写在传感器的八位数字，例如，校准压力传感器参考86775576。

（4）请按照屏幕上的说明操作，它会提示你关闭空气过滤器入口泄压阀并打开已经采取的读数（机器会发出哔声）。

（5）输入"cal pressure"，提示：这是在调整调节器时比较容易监测的读数，如果有将输出设备连接到一台笔记本电脑。

（6）请按照屏幕上的说明操作，它会提示关闭空气，打开空气。

（7）当真空表开始打开和关闭，调节器直到膨化停止；现在显示慢慢调整起来。如果机器配备了蜂鸣器，调节更慢时，它会发出蜂鸣声（当调节接近值它会发出较快的蜂鸣）。当电脑上显示保持调节停止，就不必要再调整，如果调节得太远，要记录下来并重新再次调整。

如果压力定为84 psi的参考值，可以输入"cal pressure"，这时系统提醒：

关闭系统气压过滤总成，一会儿等待系统压力打开显示如下信息：

Saving al (Autoloader global parameters) configuration（存储自动装载装置全局参数配置）。

Saving al (Autoloader global parameters) calibration（存储自动装载装置全局参数校准）。

System Pressure adc successfully calibrated (offset = 40)（系统压力adc成功校准，偏移量40）。

Picker Pressure adc successfully calibrated (offset = 210)（拾取头压力adc成功校准，偏移量210）。

此时手动打开系统气压总开关。

调整气压总开关使系统压力低于81 psi，Service Shell中显示如下：

Pressure is 80, Adjust Down

*** Adjust the system pressure SLOWLY to 84 PSI

Press: 78.2 psi. |------->| | *** HOLD ***

Press: 78.0 psi. |------->| | adjust UP

_Press: 84.4 psi. |---------|---------| adjust UP SLOWLY

Saving al (Autoloader global parameters) 配置。

系统气压校准完成，调整完成后重新启动设备，设备运行正常，在老一些的CTP设备中，气压值的调节和校正完成后可以保持很长时间。如果调节不正确，机器在TEC on/off时空气总成处会有抖动声音出现，而调节成功意味着修复完成。

71. VLF大幅面CTP在工作时鼓皮带松动

VLF大幅面CTP在工作时鼓皮带松动。

原因分析：

皮带张力由皮带的振动的频率测量时，轻触带上的一个T型手柄内六角扳手的手柄能够很好地做到这一点。该振动频率是用BRECOflex表测量的，是指在皮带（或在一个金属垫圈或连接到带回形针，在BRECOflex SM3表的情况下）进行测定。

在需要更换的时候，可以按照下列步骤调整皮带张力。

工具确认：BRECOflex频率表、金属垫圈或回形针。

有三个型号的频率表SM3、SM4和SM5，作用如下：

SM3采用霍尔传感器，需要有一个垫圈或纸夹连接到带测量的振动频率时，对皮带进行检测。SM4使用声敏传感器，SM5使用光学传感器。这些型号不需要在皮带连接垫圈或回形针。

解决方案：

调整程序如下，小心操作过程手指受伤。

（1）开启CTP的后罩，取下后面板，可见鼓电机和皮带。

（2）移除鼓皮带的保护盖。

（3）对于BRECOflex SM3表，要在滚筒皮带两个滑轮之间加装金属垫圈或重型回形针。

（4）为了测得皮带的张力，在拨动皮带后，迅速按下表上按扭，多次测量数据基本相同即视为正确结果。以下为两种型号CTP的皮带频率：

6383型号：61到64 Hz。

5183型号：47到51 Hz。

调整皮带张力之前读取几次数值，取一个平均值。

（5）如果皮带需要调整，稍微拧松将电动滚筒支架固定在主引擎铸件上的4个M8螺丝，调整张力螺丝。

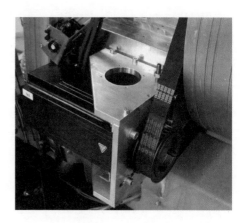

（6）拧紧两个M8螺栓，并重新用BRECOflex表测量张力。重复第（4）、（5）和（6）步，直到测量值在规定范围内。

（7）拧紧螺丝张紧锁紧螺母和所有4个M8的电机支架安装螺丝。检查以确保皮带张力并没有改变。

本案例中，我们掌握了皮带发生故障时调整到正确位置的方法，但是如果没有专业的频率表，只要能够有足够的经验也可以把皮带调到一个稳定的工作状态，调整完毕后一定要做鼓的各种速度测试，才能算完成工作。

72. 版材上间歇性出现黑白相间的细线

CTP输出的版材上间歇性出现黑白相间的细线。

原因分析：

输出的印版有黑白相间的线条，在以前的案例中也有描述，工程师更换了一些物料，激光头也换了，但新的激光头换上之后，大概一个月左右还是会出现黑白的细线，更换激光头也无法解决此问题。

根据现场设备的使用状况，对设备做了如下操作：

（1）首先对设备的气源进行系统的检查，发现有极少的杂质，建议客户更换了三个过滤芯后，对气源再次检查，已经达标而细线无改善。

（2）更换了步进电机的皮带，将皮带张力调整在正常范围内，再次测试仍无改善。

（3）激光头上灰尘较少，仔细擦拭了激光头镜片，测试后细线无改善。

（4）清洁了丝杠上的污油，并涂抹新油，细线仍无改善。

（5）检查在鼓一端的压簧距离，在3mm范围内。

（6）调整了激光头的所有参数（power、focus offset、slope、curve、drumspeed、extrascanlines、Mag），降低了鼓的转速，细线无改善。

（7）更换小车及步进电机支架，有明显改善，只有黄版在80%左右的平网上能看到极细的黑线。

（8）更换了丝杠，细线症状消除。

解决方案：

（1）用Server Shell 测试plot 50 是看不到这些线的。

（2）在输出的印版上，黄版（90°）是最明显的，隔 2.3 mm 有一条小的白线，黑版（45°）也有。起线的位置不固定，但比较多，有时整版有，应该是每组光与光之间扫描出现了空隙。在30%、80%的平网处能明显看出。

（3）清洁丝杠及重新上油后，白线的情况有好转，但还是有蓝白线。目前黄版还是比较明显，黑版不太明显。

（4）类似这些线，以前另外一台 CTP 上也出现过，属于丝杠扫描不匀的问题，但全胜机器上出现此种问题是否也同丝杠扫描方向不匀的问题相关，或是我们在设置上出了问题。最终我们调试了设备的丝杠支架，重新对丝杠及底座做了调整，客户再次输出文件，没有发生相同的问题，后续跟踪也没有再次发生。

另外还有一些类似的情况，根据客户反馈的问题，客户称全胜800 Ⅲ制版机在曝光后，版材显影出来在版边有不规则的蓝线，并且线是弯曲的，有时候在空白区域，有时候在图文里面，也不像冲版机冲洗故障造成的，蓝线出现的区域都集中在头板夹附近。通过分析，此类情况应该和鼓的表面在某一处有障碍物有关系，由于鼓的表面不平整导致的此类情况还是很多的。

打开机器前盖，检查鼓面是否有异物遮挡，后来发现在头版夹上面夹着一些杂物，有意思的是一片很小的碎纸阻挡激光造成激光无法烧蚀版材，从而出现蓝线，所以建议客户定期清洁制版机的鼓表面，尤其是头版夹和版边检测条。

另外一个客户经常发现印版上的平网发虚，有个白色的小点，是固定位置。后来仔细排查，发现在滚筒表面有很小的胶带，清洁之后就正常工作。

根据发生的现象看，激光头的焦距系统是很微妙的，如果版材的表面发生很小的变化，就会引起最终结果出现各类问题，针对这种问题，只要我们每天能做好设备的基本保养，就可以有效地避免此类问题的发生。

73. 停机一段时间开机后丝杠无法移动

客户反映早晨开机后丝杠无法移动，等待一段时间后工作正常，但是所输出的文件有套不准的情况。

原因分析：

（1）该传感器位于丝杠和机架，温度信号被发送到该电子板。

（2）固件可以校正主机的温度变化，以确保上印板上的图像的套准精度和可重复性。

（3）主机温度包含鼓的轴承温度和滚珠丝杠温度的指示，膨胀滚珠丝杠或收缩可以改变整个版材的有效副扫描距离（subscan方向）。

（4）连接线问题，温度感应器到主板的连接线。

（5）主板问题。如果是主板问题可能会报错：35783 - Ballscrew temperature out of range（滚珠轴承温度超出范围）。

解决方案：

首先检测连接线，没有发现任何问题，对于主板热膨胀修正系数位于NVS GC模块中。这是在出厂时设置的，并且永远不会改变，所以主板的可能性很小。

（1）关闭丝杠轴承温度校正：set gc lstc 0。

（2）关闭主机架温度校正：set gc ftc 0。

（3）调整改变客户房间的温度到20℃±2℃的范围内。

当CTP房间温度低于10℃时，可能引起机器丝杠卡住的情况，在维修过程中，由于客户之前使用的是CTCP，房间的温度需要很低，自从换了CTP之后，客户还是把温度调到之前的状态，但每周一机器启动时就有丝杠卡住的情况，经过长时间的观察，才发现是由温度的原因引起的，超出低值范围的温度，CTP机器是无法进行温度补偿的，所以出的版材会在不固定的色版中出现，调整温度到正确的范围后，此后测试多张版材都没有发现此问题的再现。

74. 开机后或抓取版材的过程中报错

全胜CTP在开机后或抓取版材的过程中报代码为40665错误。

原因分析:

在之前的案例中,我们清晰地分析过报错40665的原因和解决方案,但是在本例中,情况稍有不同,之前的错误是偶发性的,但是这次完全不是这种情况,CTP机器如果完全不能使用,就一定存在电子或机械的故障。我们要先排除前面案例中讲到的一些办法,然后再解决问题。

解决方案:

(1)检查空压机的气压和机器内部的气压是否在正常的范围内。

(2)CTP尾夹锁定/解锁气缸运动不到位,导致传感器检测错误。

(3)CTP尾夹锁定/解锁传感器脏或者损坏,导致传感器检测错误。

(4)CTP尾夹气缸供气气压不足移动不到位,导致传感器检测错误。

在第三张图中，我们可以看到固定CTP尾夹锁定气缸的两个螺母已经松动，有了间隙，造成尾夹锁定运动不到位，致使CTP尾夹锁定传感器检测信号错误。通过测试软件检测发现，紧固螺母后依然有时会有传感器检测错误，怀疑CTP尾夹气缸传感器脏了，清洁后恢复正常（这两部分是造成这次故障的主要原因）。这次故障发生后，由于操作人员缺乏经验，在排除卡板时误将CTP尾夹上下装反，致使CTP尾夹锁定无法正常回收CTP尾夹，在事后维修中也没能及时发现这一错误，进一步加大了故障的排查难度，需要在检修中仔细观察，才能根据思路来解决实际的生产问题。

CTP尾夹气缸

75. CTP输出的印版中间某一部位网点发虚

CTP输出的印版中间某一部位网点发虚。

原因分析：

客户使用柯达最新的四代CTP设备全胜800 AL制版机进行制版，该制版设备具有自动装卸印版的功能。在制版过程中，客户发现输出印版中间部位的网点出现发虚现象。令客户不解的是，若制版过程中不采用制版设备的自动卸版功能，而如果改用手动卸版，印版表面网点发虚的现象就会消失。为此，客户将有问题的印版拿到放大镜下进行观察，结果看不到任何因制版设备对印版产生摩擦而造成的划伤或擦伤痕迹，因此无法准确判断网点发虚现象到底是由制版设备的软件部分还是硬件部分引起的。

在处理文件和操作方式都相同的情况下，如果只是因卸版方式不同而导致网点发虚，应该与制版设备的软件部分和数据处理过程无关。因为从设计的逻辑考虑，单纯由于软件控制卸版方式的不同，是不可能影响印版表面网点发生变化的。所以，首先想到的便是该制版设备某个硬件部分在接触印版时对其造成了影响，从而导致印版表面网点发虚。

解决方案：

考虑到网点发虚现象只出现在印版中间部位，制版设备拾取头系统的腕件会接触到印版的这个部位，猜测问题应该出现在这上面，进一步了解得知客户更换了新的版材，考虑到不同版材的耐压力不同，可能由于该版材的药膜面比较脆弱，或者缺省的接触压力太大才造成网点发虚的现象。于是，试着对拾取头系统的腕件进行调整并加以改善后，再次开机输出的印版中间部位的网点发虚现象得以消除。

本例中，如果版材的表面处理不好就容易发生此类故障，需要对不同的版材调整不同压力，同时需要在拾取头的位置加一个防止划伤的胶片片基，以减轻对版材在曝光前的划伤。

76. 偶尔有阴影出现在曝光的版材上

Magnus VLF偶尔有阴影出现在版材上，阴影位置不固定且长度大概在10cm左右。

原因分析：

从版材的这种阴影出现的情况看，到20cm左右，出现的概率不高，在放大镜下看网点正常，因此对设备做了以下一些检查：

（1）检查了鼓吸真空的地方有无杂物存在；

（2）在出现阴影版材的时候，日志记录文件里面有无报错；

（3）焦距值（focus error）是否在正常范围内；

（4）鼓真空（drum vacuum）是否正常；

（5）曝光后版材的头尾夹蓝边是否正常。

这些地方如果都是正常的，就说明应该是印版在鼓上没有贴好所致。

解决方案：

需要先检查吸真空时的真空压力值是多少，如果过小就会导致版材贴不好，我们可以先做以下试验：

（1）把鼓的两边不需要的孔用玻璃胶堵上；

（2）检查真空压力是否会比之前加大；

（3）加载版测试。

测试后发现故障消失，从而可以证明问题就在真空上面，如果真空泵没有异常，我们可以检查下，鼓的两边外侧是否有漏气的现象发生，多数情况下是两边的漏气导致的，本例中也是两边做平衡的地方有漏气，用黏合剂修复后，问题再也没有出现过。

还有一种情况是真空泵的管子有漏气的情况发生，如果不是真空泵本身的问题，就要检查所有管道的密闭情况。曾经有一个客户的机器发生此问题后，最后只能在鼓上多打一吸气孔来增加鼓内真空度。

77. CTP头夹弹簧脱落

CTP机器头夹经常性不能将版材夹紧，导致会有一些版材倾斜或脱落。

原因分析：

因为头夹内部的弹簧会有一定的使用次数和年限，如果长期工作会有弹簧疲劳断裂的情况发生，如果出现了以上的情况就需要更换尾夹内的弹簧，且最好一次性更换所有的弹簧更加安全。下图是尾夹的位置，可看到左右尾夹形状稍有不同。

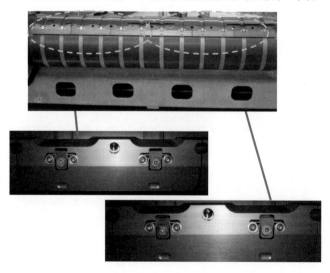

解决方案：

（1）首先确认夹板的安装方向，如图所示。

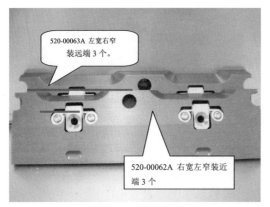

（2）如图所示把弹簧装到鼓上相应的孔里。

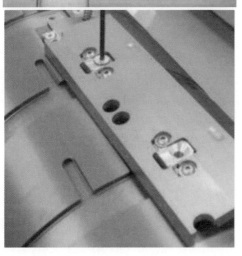

（3）螺丝点胶后如图所示的左宽右窄的夹板放在Away远端。注意安装时不要碰伤定位块。

（4）同样方法装配近端的3个夹板。

（5）弹簧两头都要装到相应的孔里。安装时注意clamp不要碰伤registration PIN，如下图

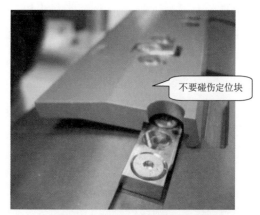

（6）检查弹簧是否全部进入孔内。

遇到此类问题，一般情况下是可以直接看到设备的状态的，也就是可以直观地看到弹簧松脱的情形，我们要做的工作就是能够把脱落的弹簧按标准安装好，且能够安全地工作。

78. CTP在高速旋转时发生剧烈振动

CTP在高速旋转时（360~400r/min）发生剧烈振动，振动强度取决于印版的尺寸。

原因分析：

在工厂测试时，全胜直接制版机的内部鼓只有调试静态平衡。根据实际的使用条件，尾夹（TEC）的位置根据印版的大小而变化，从而引起鼓的平衡发生变化。因为全胜引擎不会动态调整这一变化，因此产生不平衡而造成机器振动。这种振动在全胜自动加载印版的设备上更为明显。

在大多数情况下，安装了全胜直接制版机上的地板是平的，并且4个支脚正确地支持制版机，它们被安全地放置在地板上的脚轮提高，与地面不接触，滚筒振动也不会太大。

解决方案：

在极端条件下，滚筒的振动过大，有可能需要重新平衡鼓，使其适应由客户使用的印版的尺寸，调整程序如下：

（1）装入想进行鼓平衡的版材尺寸，或者说是想要适应多种印版尺寸，估计尾夹在滚筒上的平均位置，把尾夹就放在这个估计的位置上。要做到这一点，请输入以下命令：

· `drum move <×××>`（`<×××>` 是以度表示的估计位置)；

· `tec on` 把尾夹TEC放在鼓上；

· `tec unlock` 释放尾夹；

· `tec off` 让TEC尾夹离开鼓。

（2）关闭制版机。

（3）打开前部和顶部的盖板。

（4）松开鼓的皮带。

（5）用手将鼓旋转两圈，让它自己完全停止。

（6）如果它是正确平衡的，应该会停留在你离开它的位置。如果不平衡的话，鼓会旋转到最重的一边。

（7）我们的目标是通过增加铜垫圈使鼓平衡，而且只适用于制版机V形皮带系统，有些全胜400/800 Ⅱ、全胜400/800 Ⅲ、全胜400/800 Ⅳ的鼓。

（8）V形皮带系统：它能够既从起始端和结束端两侧平衡鼓，又不必拆下鼓。在这种情况下，必须均匀分布在起始边侧的重量。要做到这一点，在起始端增加重量，直到找到正确的平衡点。然后，均匀对称地分布在另一边的额外重量。

（9）T形安全带系统（同步带）：需要订购滚筒移动套件以方便进行平衡处理。

滚筒在使用某种版材时如果达到完全平衡，手动旋转滚筒后在手离开滚筒时它会处在一个稳定的位置。

（10）当鼓得到适当的平衡，用螺丝和乐泰242胶水紧固垫圈鼓。

（11）重新安装和张紧鼓带。

· T形皮带系统的张力是 65~85 Hz。

· V形皮带系统的张力是110~130 Hz。

（12）关闭所有的面板并且开启制版电源。

（13）如果TEC尾夹被提上鼓来模拟要替代的位置，用下面的命令：

· drum move <××××> 鼓移动面度数；

· tec unlock 尾夹解锁；

· tec on 尾夹支架压鼓；

· tec lock 尾夹锁定；

· tec off 尾夹离开鼓。

做如下测试：

（1）加载一张版到鼓上。

（2）旋转滚筒到所需的速度（最高360r/min的V速度，400r/min的X速度）

（3）评估振动的大小。如果需要适应多种印版尺寸，可能需要用不同的印版尺寸重新进行平衡测试，直到你认为振动减少到最小。

最基本的条件也要做到，在把尾夹去掉移动鼓时能够在任何地方停留，如果做到了这个条件，鼓的振动会大大减少。

79. 飞版后版材两边的平网成色不一致且一边存在严重条杠

CTP机器在飞版后，版材左右两边的平网成色完全不一样，且一边存在严重条杠的情况。

原因分析：

当版材在高速旋转时被抛出后，很有可能影响到鼓的位置，其实鼓的位置在设计时也考虑到了这一点，所以紧固时用的是铝片，以防止损伤激光头，为了证实是鼓的位置移动，我们可以加载一张版材到鼓上，然后执行head install on命令，发现左右两边的误差值相差很大，通常情况下可以达到±200以上，所以会出现以上情况。

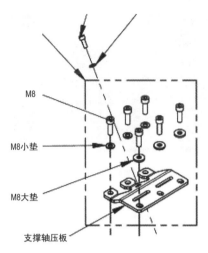

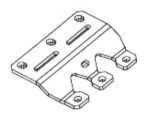

M8

M8小垫

M8大垫

支撑轴压板

解决方案：

（1）转动底盘前端滚筒支撑轴，使中间的一个螺孔对准支撑轴压板上的定位孔；

（2）用之前放在凹槽内备用的M6螺丝初步固定；

（3）用大一字螺丝刀将滚筒支撑轴向导轨一侧方向翘紧，使之紧靠底座侧壁；

（4）用27N·m力矩扭矩扳手锁紧6颗固定螺栓，次序见图；

（5）锁紧6个M8螺丝和中间1个螺丝，螺丝锁定要交叉进行，如下图所示：

工序3

完成安装后再测试，要两边的误差值相差不要超过5，如果能达到这个数值说明安装正确，这时可以再测试输出版材，可以正常运行输出。

精密的CTP系统，其中最重要的除了激光系统外，机械系统的重要性是不言而喻的，而在这些精密的机械架构中，气动装置是驱动其核心的关键。因此CTP系统能否保证输出优良的品质，这两个部分的配合运作十分重要，所以无论是操作员还是维修工程师都必须认真对待每一个和机械动作相关的问题，才能保持整个系统的运作正常。

第三章

激光头类故障

概述

激光头作为CTP的重要部件，通常情况称为CTP的"心脏"，是CTP的核心部件，每一家CTP的厂家对激光头内部参数都是处于保密状态，所以多数维修只能是表面的工作，而激光头一旦发生故障，整个CTP系统就停止工作，如果能够了解一些简单的问题处理，对于工程师或操作人员来说不失为一件好事，本章所涵盖的内容已超越简单问题，对激光的维修会有较大的帮助。

激光头电源板。供给激光头内部的电源板，通常在激光头的内部上面。

保护系统。温度、湿度、电压、机械位置四个方面的检测。

激光头CPU控制板。用于控制激光头内部的所有动作。

控制线。由主板发送的所有信息以及由激光头反馈的信息都由这条线来完成。

焦距及镜头系统。精确控制焦距的动作，而镜头是焦距的光学组件。

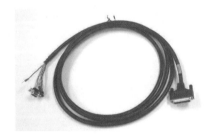

电源线。由开关电源供给激光头所有必须的电源。

数据线。只将曝光的数据资料发送到激光头，早期版本软件无法检测到这条线，最新的软件可以检测到这条线是否连接好。

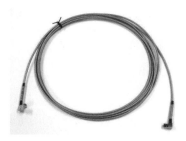

光阀控制。振荡由激光发送来的光束，最高可达到240束激光，但通常情况下只使用到224束。

快门。检测校正激光最后的光强，同时可关闭最终到版材上的激光。

吸尘装置。用于排除曝光后的版材中的灰尘，由吸尘电机和过滤芯组成。

镜头除尘。和吸尘系统组成完成的版材灰尘排除，吸嘴处有吸力检测和均匀吹气系统。

80. 版材上有一些细小的线在网点边缘

CTP版材中在网点边缘有一些细小的线。

原因分析：

如图所示的问题中，在版材、印刷的纸张上会有相同的表现，都是细小的白线在网点的边缘，这种情况由很多种原因引起，但只要逐步排除也是很容易解决的。

细线在版材上的表现：

细线在纸张上的表现：

细线放大镜下看到的情况：

（1）检查版材设定中Escan的信息，一般铝版设定为1。

（2）检查激光头的倾斜度是否调好。

（3）检查机器是否水平或振动。

（4）检查机器的mag参数。

（5）调整滚筒的皮带，皮带过松或者过紧都会对版材输出造成影响。

（6）设备维护检查。

a. 检查丝杠有没有磨损。

b. 在滑轮、丝杠和球头处是否有足够的黄油。

（7）连接底座的螺丝是否固定安全。

（8）检查连接线是否断开、松脱或者丢失。

（9）连接到激光头底座的线和冷却管是否固定好。

解决方案：

做了以上的分析检查，本台设备是在使用过程中突然出现这种情况的，平时的保养也不错，首先我们检查了和机器有关的设定，比如escan是设定版材每个像素之前的重复扫描的，通常的铝版要求设定为1，同时也检查了机器的mag参数，看是否在工作过程中会有文件缩放的情况，在确定这些软件都是正常的情况下，检查机器的丝杠皮带以及机器激光头的底座是否有振动的情况。从目测的情况看，没有发现任何异常。当我们检查机器的丝杠支架时，发现有一个轴承磨出的黄油颜色不对，于是果断更换这个支架的轴承，重新安装完成后，设备运行正常。从本例中维修过程来看，如果对设备的运行有一定的了解，去处理相关的起线问题也是有迹可寻的。

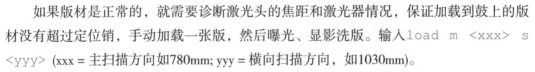

81. 版材校正之后有不规则黑线

CTP版材校正之后有不规则黑线，如右图所示：

原因分析：

从基本的版材上面判断，应该是调版材时发生了一些参数的偏移。且做如下两项基本检查。

（1）检查版表面是否有凸凹，如果是版的问题，直接更换。

（2）检查滚筒上是否贴有异物。

解决方案：

如果版材是正常的，就需要诊断激光头的焦距和激光器情况，保证加载到鼓上的版材没有超过定位销，手动加载一张版，然后曝光、显影洗版。输入load m <xxx> s <yyy>（xxx = 主扫描方向如780mm; yyy = 横向扫描方向，如1030mm）。

（1）在Service Shell中，选择Device Monitor，然后从设备目录（Device Tree）再选择MCE (master head)或MCE2 (slave head)。

（2）输入命令：prm hazardous media enable（这可以让你在必要时改变介质参数）。

（3）输入命令：redirect enable（这会显示TH2 >>提示符）eng。

（4）选择当前的版材，然后查看set med <n> focuslasermode（在这里<n>是你所使用的介质的索引号）。

（5）保证focuslasermode参数为0。

（6）检查LEC头夹的间隙。

（7）检查版材的平整及涂布是否均匀。

（8）检查胶辊上下正常，左右位置一起动作。

本例中，只需要按常规的要求检查头夹的间隙压力，然后重新调整版材参数。完成以上的检查及操作，问题就能得到很好的解决。

82. 曝光后的版材成像缺失

曝光后的版材成像缺失的现象，如下图所示：

原因分析：

一般碰到类似的这种情况，最大的可能是激光部分出现了阻挡，在激光发射到版材成像的光路中，能把激光挡住的就是激光能量检测组件。另一种情况是激光突然发生中断，我们可以通过多个方面去检查。

解决方案：

（1）首先我们检查激光本身是否有中断的情况，主要是看供给激光的电源和激光器本身是否有故障，但是从激光头的Volt的命令中看到激光供给电源正常，而激光器内部检测的情况也是正常的，于是转用第二个方法。

（2）在服务界面里，输入以下命令：

```
>> shutter open
>> shutter close
```

如果这两个命令能顺利执行，同时能听到检测光阀的动作声音，我们则需要检查，由于光阀的单个动作并不能代表光阀的连续性动作是好的，这样就需要调用循环测试或者连续输入以上两个命令。在测试过程中，偶尔还是没有听到动作，和发生故障的频率是重合的，如果判断为光阀的动作有时候失灵，通常情况下，如发生光阀的故障需要更换整个激光头，但是考虑到这个激光头的使用时间不是很长，于是在客户现场拆下激光头，打开前部焦距保护盖后，用手移动光阀时，发现电磁阀和检测器之间的连接螺丝稍有松脱，紧固这个部件后，重新安装激光头，测试后设备运行正常。

83. 输出的版材上有并行的规则压痕线

输出的版材上有并行的规则压痕线，如下图所示：

原因分析：

从表面上看，这种有规则的平行线与CTP的机械部分还是有一定的联系的，形成如此有规则的白线，与整个车架部分的关系要大一些，首先可进行如下操作：

（1）检查丝杠驱动电机是否平稳。

（2）检查皮带是否有磨损掉灰的情况。

（3）更换丝杠电机驱动板。

解决方案：

对于以上三种情况，先从容易的方面入手，更换丝杠电机的驱动板之后，问题没有得到解决；检查电机也没有抖动的情况发生，但是分析情况，看问题还是像在丝杠部分，于是继续查找问题。当检查到电机皮带时，发现电机皮带和丝杠轴承之间有不少磨损的灰尘，这种现象应该是不正确的，如果使用皮带检测工具，发现皮带明显有松动的现象，拉力和振动频率都是不正常的，更换一条新的皮带，然后重新调整皮带的位置和拉力后，机器运行正常。

84. 输出的版材上有一些实体的黑色条块

输出的版材上有一些实体的黑色条块，如下图所示：

 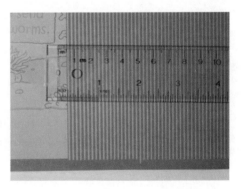

原因分析：

和前一故障有相似的地方，首先用以下命令校验激光头的版本：

```
>> redirect pass
>> th2 eng
>> th2 io read FFE0 1
```

解决方案：

或者在激光头输入Ver命令，如果激光头的版本低于1.04C，这个时候只要直接升级激光头的固件到1.05C以上就可以了，但在升级这固件之前还是需要检查以下的部件：

（1）检查机器的连接线是否正常；

（2）所出的印版上的线是否有规律；

（3）如果以上两条都没有问题，检查激光头的版本；

（4）如果版本低于1.04D，需要升级到1.05C或以上；

（5）升级最新的CR版本；

（6）重启动或初始化激光头：>> Reset head。

每一种类型的CTP都会用到同一类型的激光头，所以在不同的激光头中会有不同的固件。我们在安装头的时候，第一时间一定要检查激光头的版本信息，同时查找与之匹配的应用程序版本，才能保证机器的正常运行。

85. 曝光后的版材上有跳跃的纹路

曝光后的版材上有跳跃的纹路，如下图所示：

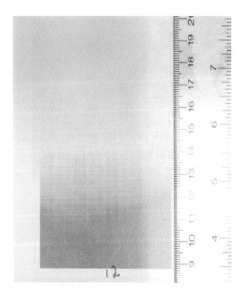

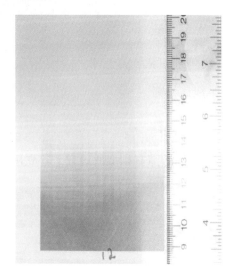

功能的板上，不规则的纹路干扰光栅片的放大效果，使3D图像不够清晰，需要调整以下部件：

原因分析：

这种现象主要表现在具备VMR的光栅

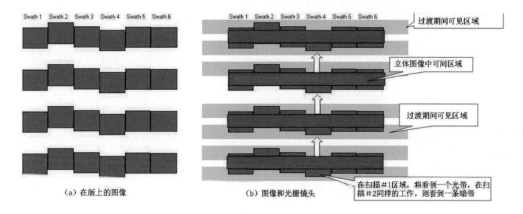

（a）在版上的图像　　　　　　　　　　　（b）图像和光栅镜头

解决方案：

（1）调整激光头的倾斜，最佳的光栅效果应该在1.5 μm或1～1/6 像素或更小；

（2）如果是TMCE主板的机器，使用内部图案时必须用plot 7才能清晰表现所出的内容；

（3）保证设计的图像分辨率与机器一致。

调频网和VMR对设备要求都是很高的，特别是激光头的倾斜调整，如果有倾斜就会有断线的情况，所以在调整过程中要特别小心和细致才能达到客户的要求。

86. 曝光后版材中图像垂直方向拉伸或缩放

曝光后版材中图像垂直方向拉伸或缩放，如右图所示：

原因分析：

和水平方向相同的是，这个方向的拉伸当然也和以下的参数和部件有关系：

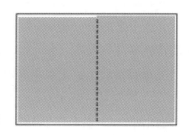

（1）检查GC几何校正参数、设置GC mscale的数值，根据缩放范围的大小进行调整，Mscale参数可以微调拉伸的参数，但如果拉伸的范围过大就一定不是GC的问题，需要检查。

（2）如果是安装有两个激光头的CTP机器，则需要针对某一个头的缩放进行比较调整。

解决方案：

一般在所出的印版中，如果每次缩放的值没有变化则可以用参数调整，如果拉伸的值对每一张版来说都是变化的，则需要检查其他地方的部件问题，对于拉伸缩放无规律，会在另一个故障案例中分析。

总之，这种拉伸比较大的情况和编码器有相当大的关系，我们如果按照检查编码器的方法，就很容易检查出问题的所在。

87. 激光束定向的光量太低

CTP开机后，准备工作前报错误：HEAD: Light level too low for Beam Pointing（激光头：光束定向的光量太低），错误号44992，在一些老的设备中报17692。

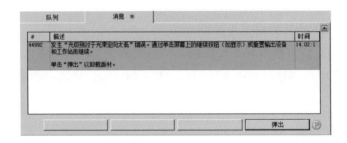

原因分析：

激光头指向光束定向的信号电平的波束不够，当前的sum值低于50。

通常是指激光检查激光设定值和版材的选择的使用值，这个时候，我们需要用到head install on命令来检查激光头的sum值是否在正常的范围内。

由于之前的1.56热敏头固件版本的固件错误也可能发生此错误消息，如果光水平上的传感器之一太高。也可能非常混乱，激光显然是还没有错误信息说光量值为低。这种情况很容易发生，光束指向电流是完全错误的。要修复这种状况输入"laser current 20"，"head bp on"，等待几分钟。在此之后电流应正确设置，现在应该能够发出"laser on"成功的消息。

解决方案：

如果有热敏头版本1.56，就能够容易地通过使用内部数据收集能力来诊断确切的问题，也有版本1.56命令"laser test"可以诊断问题。需要注意的是，由于编程错误，这个错误已经被定义为某些热敏头的故障。该错误表明激光打开，但激光有严重的问题。热敏激光头故障排除的文件包括激光束指向的测验。测试开启激光指向和通过将激光从一侧移动到另一侧，同时监测激光束指向传感器读数验证最终检测指向的操作。

```
laser on
TS>> laser on
S HIM:    Write laser operation failed with error code 44992
ERROR!
*** Command Failed: 44992
    [Light level too low for Beam Pointing]
No power at nosepiece
Laser couldn't turn on
```

分析出现故障的原因，我们可以用很明确的诊断方法：

首先需要检测出版材的SR值，然后调整激光头的零位，如果这两个方面的调整正常了，可以测试输出版材，这个时候可能出现的情况是，机器能够输出部分版材，如果问题依旧，就需要检查激光头的版本。通常情况下，这种问题出现在新安装或更换的激光头中，如果零位和固件都没有问题，考虑是否是激光头的问题，无论如何，如果机器启动后显示：The exposure head has successfully finished initialization（曝光头成功完成初始化），表明问题得到了解决。

88. 激光头不能进行焦距学习

设备在设置新的版材后报以下错误：

[03529] System: Failure of the focus learn（系统：不能进行焦距学习）。

[01313] Focus: Focus error: Media out of range（聚焦：版材超出范围）。

原因分析：

不同的焦距学习模式往往引起版材曝光的不同问题。此过程提供了一种简单方法，用于确定一个焦距学习的问题是由于版材的处理或装入方式引起的。

解决方案：

以下是焦距学习模式表：

（1）在曝光开始时TH2头检查过程中的前两个扫描线的概况。这确保了自动对焦系统能够被跟踪，并且能获取跟踪的取样数据。

Focus sample: 下面显示了所获取的焦点位置(LPos)：

0   -73.922

1   -74.022

2   -73.922

3   -73.621

...

```
...
288    -62.387
289    -62.688
290    -62.989
```

（2）如果不能跟踪到版材和焦距的信息，激光头将报以下错误：

[03529] System: Failure of the focus learn.（系统不能进行焦距学习）。

（3）如果一切正常，那么曝光将启动。继续检查版材曝光扫描的描述文件，一旦出现问题跟踪版材它不会停止曝光。如果有问题头部报告错误：

[01313] Focus: Focus error: Media out of range.（版材超出范围）。

处理程序：

（4）加载版材，优选相同的大小和发生故障版的厚度。或者可以对已经失败的版材用焦距学习模式。

使用下面的命令增加TH2的详细认知内容：

›› redirect enable 与热敏激光头建立通信；

›› vbs enable foc 7 打开更详细的焦距显示内容；

›› redirect pass 与MCE建立通信以及TH2的反馈。

（5）曝光图像的版材。阴图版使用plot 5在或阳图版使用plot 12。使用这些图案的版不会被曝光，因此它可以被重新使用，直到焦点学习模式出现问题。

生成的焦点表使用下面的命令副本：

›› redirect enable 与热敏激光头建立通信

›› foc get table 将获得激光头显示焦点的表，如上所示。左栏是样本数，右列是LPOS值。数字变负，则LPOS正在远离感光鼓。在 Excel中, 图的矢量结果得到表命令使用附件表格。这个结果看起来像这样：

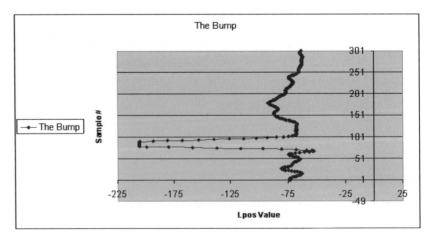

（6）图中的峰值表明版材正确。此图还表明，激光头没有安装在最佳位置。要注意，lpos不大于-60。这还有140μm的行程空间。如果客户使用标准厚度，0的位置将允许200μm的行程，提供了更多的活动空间上的任何障碍。这将是一个更好的位置，因为它将使聚焦制动器更大范围移动。

（7）也可以确定鼓上位置学习模式失败的点，看看输出直到看到出现下列情况：

```
foc sample rate = 1896.722Hz
foc sample spacing = 2.476mm
```

多重样本数foc sample spacing. 这表明围绕如何远离LEC/头夹凹凸的定位。

此消息可能会重复几次曝光开始之前，始终使用最终的设定数字曝光。

（8）参数foc sample rate, foc sample spacing和取样的数量可以是不同的。这些只是例子。

（9）确定凹凸边缘，可以使用命令移动曝光的位置››plot shift 100。当曝光结束，查找以下信息：

```
FOC: MAE = 148 Max Lpos = -42.728 Min Lpos = -196.489 Mean
Lpos = -60.281。
```

（10）需要注意的是凸块仍然存在，但自动对焦系统能够补偿凸点。

（11）最后一步就是固定为你所使用的版材单点对焦系统，用以下命令：

```
›› set hdm 1 fmode 1 或者 ›› th2 set med 0 focusmode 1
›› plot 22
```

这将产生一个版上有凸块的区域的热点。这可以帮助确定在加载过程中是什么原因造成的凹凸。要知道对焦范围是很小的，可能无法通过目测来检测版材装载的问题。

（12）在完成所有的工作后：返回对焦模式，在第（9）步改变了原来的（正确）设置。

使用命令关闭TH2显示的详细程度：

```
›› redirect enable
›› vbs disable all
›› redirect disable
```

重要提示：如果不关闭详细显示，可能会导致连接问题，特别是在用旧的工作流程的时候。

通过以上详细诊断，我们可以明确问题的所在，作为一个专业的工程师，掌握一些必要的诊断技术，对维修也是有好处的。

89. 版材超出焦距范围

客户现场CTP报错：#01313 media out of range（版材超出范围）。

原因分析：

如果自动对焦系统无法进行聚焦，跟踪的版材误差在可接受的范围内，就会产生这个错误。这通常表示，焦距范围超出其物理极限。

当焦距系统连续发现 10 个样本为 10μm 以上的错误，头部会报告这个错误。

解决方案：

（1）检查是否加载了正确的版材（即版材上到鼓后是否平整）；

（2）检查指定的成像区域是否在已加载在版材的范围内；

（3）检查 LEC 版夹并调整；

（4）把 Focus mode 改成1，默认是0，改成1后，机器应该会屏蔽掉自动对焦功能，但还是会有出现带状条纹的可能性。

关于这个问题附加以下内容对维修工程师的帮助：

对焦模式设置自动对焦系统的工作模式。如果未指定对焦模式当前模式被显示。以下是有效的对焦模式：

Mode 0： 在聚焦模式0的聚焦系统构建（学习区），最大限度地减少对版材的成像区域的聚焦误差。描述该位置，以便每次旋转时更新头移动跟踪变化的相对版材位置。

Mode 1： 在对焦模式1只有最后的镜头位置控制已启用，焦距位置设定用 FOC LPOS [<lens position>] 命令。

Mode 2： 在聚焦模式2的 PID 控制器，用于跟踪目标介质。在这种模式下，对焦系统与滚筒旋转不同步。这种模式通常只在研究与开发过程中使用，不建议在正常成像时使用。对于正常成像，对焦模式0是目前支持的唯一模式。

对焦模式0是成像过程中使用的正常工作模式，对焦模式3可用于某些特殊的版材。

一般情况下，我们不要轻易怀疑焦距系统或激光头有问题，在过去一些认为损坏的激光头中，从上面内容中总结出来的故障情况如下表：

外部原因	焦距驱动设定 边缘检测 焦距学习 版材超出范围	95% 的焦距出错的原因
内部原因	内部焦距活动机构 检测焦距机构 快门或窗口	5% 的焦距出错的原因

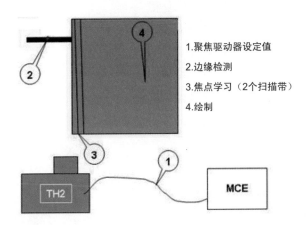

1.聚焦驱动器设定值

2.边缘检测

3.焦点学习（2个扫描带）

4.绘制

90. TH5激光头曝光在版材上的条杠、脏点、各类极细线条的处理

新款TH5激光头曝光在版材上的条杠、脏点、各类极细线条的处理。

原因分析：

这个程序只应用于的TH5的激光头生产一种工作的或多个工作下列类型的事件，首先来理解三个问题的名词。

条杠（Banding）：典型的头部条杠是重复每幅宽度逐渐色调变化的。它可能发生在特定的网线数和色调，但具体的网线数和色调范围内应该是可重复的。

脏点（Hot spots）：这是局部的条带的形式，通常由凸起、凹陷或碎屑聚焦产生。

极细线（Fine-line banding）：突然的色调变化仅发生在边界的边缘。在某些情况下，版材上可以是白线、暗线，或两者兼而有之。

故障原因：

TH5设计为自动发现鼓的焦点位置，并根据版材的厚度进行成像。TH5也被设计成一个一体的架构，并有足够的曝光宽容度，安装不需要进行曝光一系列操作。

在要更改TH5的焦点位置的时候，维修人员必须评估一个完整的印版的图像质量。即TH5不具有动态自动聚焦和成像时依赖于它的焦点深度。其结果是，如果有印版装载到鼓上存在气泡或缺陷，在图像的小区域可能会影响出版质量。

TH5为120μm的聚焦深度。TH5的位置本身，可以允许感光鼓的凹痕或缺陷为20μm和到滚筒的间距为100μm，板的厚度如果没有在某一时间验证，下列问题可能会导致上述的成像问题：

·在Print Console中输入错误的板材厚度；

·操作人员加载厚度错误的版材；

·版材贴错标签；

·大板气泡、凹陷、撞击、折痕或其他缺陷；

·Z-stage移动误差；

·激光头窗口肮脏；

·版材的曝光要求与指定的不同；

·显影条件导致非标准的曝光要求；

·版材的变化问题；

·TH5变化问题。

解决方案：

按照下列步骤来确定问题的类型及其解决方案。

（1）确定最佳厚度设定值（焦距）：

a. 将在Print Console中选择合适的版材尺寸定义的厚度设定为版的第一焦距值，如下表。

版材厚度(μm)	版的第一焦距/μm	版的第二焦距/μm	版的第三焦距/μm
300	270	300	330
200	170	200	230
150	120	150	180

b. 通过Prinergy EVO 发送一个 KPTT文件到CTP中。

c. 重复步骤a和b为版材的第二和第三焦距。

d. 视觉评估和比较各版的图像质量，并选择厚度设定值，看结果是否为最佳的图像质量。

检查版的背面可看到版材加工所运行的方向。该版在成像之前旋转，可能会影响焦距。

检查色调10%至90%条纹。

检查头部圆形径向条杠。

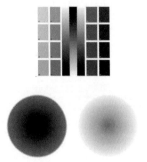

e. 供客户使用的每个版的厚度，重复步骤a至d。

在此之前进行曝光试验的下一步，应该：

a. 使用新的显影液（如果有的话）。

b. 确认问题不只是涉及一个版材的大小或一箱版。

c. 确认（或替换）的激光头窗口的清洁。

d. 确认使用合格的版材。

e. 确定最佳曝光设定。

改变当前的曝光值到适当的介质，以低风险的测试值如下表：

版类型	缺省曝光值/mJ	最低曝光值测试/mJ	最高曝光值测试/mJ
Trillian SP	105	94	116
EM	130	117	143
Sonora XP	165	150	180

引起的细条纹头相关的问题是被卡住像素，如果是细条纹头相关的问题往往是一致的，并可重复的。例如，罕见的缺少像素是断断续续的，缺少像素应该是可见的条线。重复的频率或定位于版材特定区域的问题有可能是设备问题，而不是头部诱发的问题。

如果既有白线，又出现黑线，执行下列检查：

（1）CTP制版机地脚是平衡的。

（2）安装激光头的底座是正确的，没有移动。

（3）TH5弹簧连接是正常的。

（4）执行水平线模式，并检查用于倾斜或主扫描抖动鼓系统。

（5）执行垂直线条图案，检查副扫描抖动传输系统。

（6）检查上版的问题引起版材局部气泡。

（7）检查版材厚度值是否设置正确并进行优化。

如果只有白线出现，执行下列检查：

如果是卡住像素，那么：

（1）缺失的像素不会被GC调整，因此不会与anortho修正步骤转移。

（2）缺失的像素不会停止在图像区域边界而是将持续到夹紧区域（并非物理上包括的夹钳夹紧区的部分）。

（3）同是按照前一步骤检查所有可能存在的问题。

如果只有黑线，执行下列检查：

（1）如果使用的是质量整合版材检查，extrascanlines被设置为0，并检查曝光值不会设定得太高。

（2）检查所有的出白线列出的项目。

在第五代的CTP系统中，由于激光头的高度集合，很多可调整的功能都能自己完成，这也是CTP设备更加简单的一个标志，所以我们维修时也减轻了一些负担，用Plot 202 200 200类似的这种命令就可以完成版材的自动计算和调整，看起来真的是很简单。

91. 版材在纵向扫描方向出现条纹

CTP输出版材在纵向扫描方向出现条纹。

当CTP曝光完成后，输出的版材有如下图所示的纵向条纹：

原因分析：

纵向扫描方向也就是鼓的旋转方向有条杠是CTP最常见的问题之一，与很多的因素有关，可以检查如下3个关键点：

（1）检查显影机的几个条件。

a. 显影机的药水浓度；

b. 显影机的补充量；

c. 冲版速度；

d. 显影液的温度。

（2）检查激光头的镜头是否有灰尘，清除激光头除尘装置的灰尘（如图）。

（3）最后检查版材的参数设定是否正确，和原来设定的参数范围是否不一致，特别是foffset和SD值。

解决方案：

经过以上三步的检查，一般情况下都能找到原因或者解决问题。

本例中，当拆下激光镜头时，发现在镜头表面有大量灰尘，正常情况下，少量灰尘不会引起这类情况，因为热敏激光的穿透能力很强，但是在给版材曝光时，会有一些烧焦的版材药膜粘在镜头的表面，必须要清洁干净，如果是少量的灰尘，用镜头纸清洁即可；如果有大量的焦状物，就需要用到酒精等清洁品，处理完成后，重新测试，机器工作正常。

92. 版材中有缺失的像素

CTP所输出的版材中有缺失的像素，如右图所示：

原因分析：

按所输出的版材故障情况，所要做的有以下三种可能：

（1）检查激光镜头或者焦距是否在正常的范围内；

（2）检查丝杠移动是否有抖动的情况；

（3）适当砍掉损坏的像素，检查像素是否完好。

首先是重新检查激光头的安装及零位是否是正确的，需要用到head install on命令，以及检查版材的反射率，需要用到focus cal reflect命令。

解决方案：

检查后确认激光头的安装是没有问题的，于是把激光头的像素砍掉一部分，发现情况依旧，最后检查丝杠的抖动情况。由于现场没有安装检测工具，只能是重新安装一下两端的支架，在拆支架的过程中，发现之前所安装的对装轴承有错位的情况，校正后重新安装，输出版正常。

从本例故障中，我们不难发现，如果有一些硬性的故障，也就是在版材上有所表现的各类问题，一般情况下都和硬件会有一些联系，但是我们在维修过程中还是需要先把软件能处理的部分先做处理，之所以把此类故障归纳为激光头类故障，只因此位置是带动激光头运作的关键部位，这样维修起来会方便一些。

93. CTP设备输出的版材中有很多规则的条纹

CTP设备输出的版材中有很多规则的条纹，如下图所示：

原因分析：

初步诊断为不同焦距模式中表现出来的焦距问题，如果满版有些条纹，并且不是很明显，我们需要做如下的检查：

（1）检查激光焦距值是否正常，需要用到焦距的测试；

（2）检查版材是否有折缝或者凸痕（这个必须要检查，因为现在很多的版材不合格，也会导致不同类型的条纹发生）；

（3）检查焦距模式是否正常，在CTP中会有不同的焦距模式来曝光，通常情况下，现场的工程师会用到0和4这两种模式来工作，如果发生一些异常情况就需要调用1～3的模式，前提是版材足够好。

解决方案：

通常情况下版材信息内1.7的激光头HDM fmode和2.0的激光头med focusmode设定为0。如果工程师在维修过程中调用不同的模式后，在版材正常的情况下，基本都没问题，但如果版材的铝基不太好，表面处理粗糙就会出现类似的情况，因为设定不同的模式，焦距会有不同的表现形式。如果测试焦距的SD值是正常的，更换焦距fmode就好了，再者如果真是焦距系统的问题，更换fmode也能够固定焦距模式，暂时可用，如果能按以上的步骤维修，问题就能得到修复。

94. 室温超过28℃时激光头容易报温度过高

CTP房间温度超过28℃时激光头容易报温度过高#17649 HEAD: DTD laser diode over temperature（DTD激光二极管温度过高）。

原因分析：

如果仅仅是在高温的天气时激光头报错，我们认为应该是外界的原因导致的，因为激光头的外部冷却是依靠室内的温度来决定的，也就是说，激光器的问题是用冷却片来处理的，而冷却片的温度是用室温的循环泵来降温的，这些问题就应该出在以下几个部件。

解决方案：

（1）调整室内温度保持在20~22℃。

（2）检查机器空气过滤网有没有堵塞，如有堵塞就要更换。如下图不同型号的设备：

四代机过滤芯位置

三代机过滤芯位置

（3）检查冷却液是否充足，冷却水箱里标有最低位和最高位，如下图：

（4）检查冷却液循环泵是否正常工作。用手去感觉即可，如下图：

在此案例中，如果有效地处理了这几个方面可能存在的问题，就能处理好激光头温度过高的故障。

可供参考的一些内部命令：

在诊断软件中输入：`head status`。

显示以下信息：

`HC board status`：HC主板的状态；

`LVD board status`：LVD主板的状态；

`DTD board status`：DTD主板的状态；

`head casting temperature`：头支架温度；

`head ambient temperature`：头环境温度。

`head humidity`：湿度已在1.56版本中加入，但还需要配套的MPE代码才能显示湿度。

95. 光束平衡时显示光量不足

CTP用一年后突然报错：`#Error 17686 LV: Not enough light for beam balance`（光束平衡的光量不足）。

原因分析：

传感器快门可能出现故障，也有可能是激光管的问题，但是考虑到只有光强没有被最后的快门检测到，所以可以考虑是否快门上的检测感应器出了问题，依照这个思路进行解决。

解决方案：

输入命令打开激光 >>`laser on` (MCE和MPE类型的机器都一样的，确认它实际上是在输入 >>`laser`。显示如下信息：

```
>> laser
*** State message: Head command (72)
Thermal head type: 40W
Write laser state: On
Laser mode: closed-loop,(original mode)
Monitor : Matched media 1 with HDM 1
Setpoint power: 9.25 W
```

```
Power: 9.24 W
Current: 23.55 A
Diode temp: 24.9 C
Laser on time: 789.40 hours
```

激光器应该能达到给定值（约0.20W）；如果不能，会显示错误代码17693。

读取从快门传感器的数值：>>head power sum(MCEand MPE)

```
>> head power sum
*** State message: Head command (96)
Sum from all channels: 1.917W
Leakage power: 0.712W
```

如果实际激光值（power）和设定值（setpoint power)有显著不同，那么必须更换出现故障的快门传感器。可以先按以下步骤屏蔽感应器：

①用以下命令可以暂时禁用设备的激光校正。

```
MPE: >>set sys tstk 0
MCE: set ehi tstk 0
```

②客户可以恢复生产，直至快门被替换。

③更换损坏的快门组件。

④在快门替换后，重新启用自动行程调校，然后启用开始屏蔽的快门。

```
MPE: >>set sys tstk 540
MCE: >>set ehi tstk 540
```

在某些情况下，更换快门传感器可能无法解决问题，如果快门组件不能解决问题。就需要替换激光头。

基本步骤如下：

（1）准备夹具。

（2）卸下旧的快门。

（3）为新的头校准快门。

（4）安装新的快门。

（5）计算新的校准参数。

但一些机器不是快门的问题，即使更换了新的快门也不能解决问题，就需要更换新的激光头，此办法能解决大部分类似的问题。

96. CTP停用一段时间后报温湿度异常关闭激光头的错误

CTP设备停用一段时间后报错：17742 HEAD: shutdown of thermal head due to temperature or humidity alarm（激光头：由于温度或湿度报警而关闭激光头）。

17743 HEAD: thermal head humidity alarm, < humidity > percent（激光头湿度报警，<湿度>%）。

原因分析：

此类问题通常发生在长时间停用设备，然后开机的情况，基本都是湿度过大的可能性大些，会遇到上面列出的温度、湿度或多个错误，也就是说在头部的温度及湿度水平超过设定的NVS参数。

解决方案：

（1）检查激光头的湿度状况，输入命令 >>head status或2.0激光头的Volt命令。

（2）检查DHU系统，以确保它有足够的气流和洁净的过滤器。

（3）检查空气压缩机，如果有条件看压缩空气的湿度是否在15%以内。

（4）检查>>set head humidity，湿度设定为20%。

如果需要调整该值，以保持客户的运行，确保有跟进计划有DHU调整带来的湿度回落到5%至20%的正常范围内。更改这个参数只是用于测试是否为外界的空气湿度大造成的，如果更改完成后设备能工作，就需要再次检查上面的第（2）、第（3）项以确保激光头的内部环境正常。

冷干机在CTP的重要作用是不言而喻的。如果没有配备一台性能良好的冷干机，对CTP会有很大的损伤。所以，如果经常出现这种报错情况，需要考虑更换冷干机，并确保每日排水或增加自动排水装置。

97. CTP无法平衡激光光束

CTP无法平衡激光光束报错：17732 HEAD: Unable to balance stroke to better than head bpmaxerr %（激光头平衡值超出范围）。

原因分析：

如果所测量的光强度中的swath中至少一个和NVS设定头bpmaxerr目标的光值百分比不在同一范围内，行程校准过程结束时会生成该错误消息；另一类情况是当发送调频网的文件时也会报此类的故障。

解决方案：

（1）运行strokcal.spt脚本，看激光是否有任何薄弱像素。如果是swath的两端附近的弱像素，它可能会要砍掉一些swath。

（2）焦距行程配置文件也非常依赖于波束指向。运行getcontr.spt脚本以确定是否有可能通过改变头部bposn参数，以改善行程配置。挑选具有最低的光泄漏和最大输出功率的光束位置。

（3）检查scorr表中的值与scorr命令，看看表是否已损坏。除非Scorr表被用于补偿版材问题，scorr表可以安全地初始为全零，但只适用于1.7及以下版本的激光头。

（4）虽然所有的新头都能够平衡到3％以内，bpmaxerr可以安全地提高到5％，与版材上出现问题的最小风险。如果调整头部参数在3％或5％而不能通过，运行bpmaxerr参数不能改善配置文件，那么它很可能要更换激光头。

（5）如果产生此错误，但行程曲线图并没有显示任何问题，要检查和此相关的问题。

（6）参数swidthn或soffsetn有导致行程校准被阻止的光束阻断通道的值，在老版本的机器中在调整这些参数：

```
set hdm x ssoffset
set hdm x soffsetn
set hdm x swidth
set hdm x swidthn
```

（7）在老版本Print Console中强制关闭narrow的模式。要执行此操作，单击配置，然后选择打印设置。在图像模式，清除覆盖narrow模式复选框。

调整客户的系统Staccato调频网到最高级别，并保证它是合格的，就算是调整到一个合适的值，如果功率较大也需要准备更换新的激光器，因为它已经到了很危险的地步。

98. 在维修过程中无法做激光平衡校准命令

在维修CTP设备的过程中无法做行程校准（stroke cal）激光平衡校准命令。

原因分析：

如果TH2激光头遇到问题，而试图进行光束平衡，这并不一定意味着BBS传感器或子系统有故障。激光配置文件和光束位置的问题可能会反映成行程校准的故障。找出故障的最好方法是：设置参与行程校准过程详细模式所有的子系统，然后尝试再次校准，并观察由此产生的误差。参与的是BPD、LDD、LVD和BBS的子系统。

解决方案：

一旦有更好的办法，其中子系统可能会造成问题，要使用以下步骤来测试子系统。一些校准失败最常见的原因如下：

（1）激光问题。

执行命令>> stroke cal

Waiting for beam balance sensor to stabilize ...

Calibrating stroke for media 1 ...

Light setpoint: 32767

Light peak error: 32767

WARNING: laser is on

*** State message: Stroke command (13) Complete (4068254)

（2）BPD错误。

①行程校准正确启动的最大光与最小光，但最终的目标值为零。

②BPD执行机构过电流。

（3）LDD错误。

①LDD校准必须用平衡光束完成。

②如果光束不能平衡，则尝试LDD校准，以获得激光的启动顺序工作。

③一旦激光器平衡，再次尝试LDD校准。

④LDD情况发生了改变（微透镜移位）。

（4）LV错误。

①行程校准失败，hvtrim值为0。

②在TH2激光头排除卡住像素（BBS误差超过最大误差）。

③LV光阀脏。

④另外可参阅砍掉二代头上的像素。

（5）BBS错误。

①BBS传感器电缆故障。

②在测试快门（BBS快门卡住闭合或打开）。

下图是相关部件的示意图：

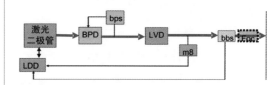

BBS：光束平衡传感器。

BPD：光束方向驱动器。

FOC：焦距系统。

LDD：激光管驱动器。

LVD：光阀驱动器。

本例主要是让大家了解如何解决无法做激光平衡的问题，每一个项目都和激光平衡有关，在测试过程中如果能高效地分析出现问题的所在且能了解内部的动作部件，就能诊断和解决问题。

99. 无法检测到印版边缘，导致曝光版材图像横向移位

CTP机器无法检查到印版边缘，导致曝光版材横向移位的情况发生，偶尔还会报错：Focus error detected at X inches or Unable to learn focus（在X英寸处检测到聚焦错误，或是不能学习焦距）。

原因分析：

聚焦激光系统无法正确地检测版的边缘。这个问题也可以由发生故障或损坏的电源箱到激光头电缆连接引起。

解决方案：

（1）没有吸尘的装置激光头非常容易出现灰尘，如果在现场就需要清洁镜头，以确保有镜头上没有灰尘。最好用编码器清洁套装和镜头清洁套件。

（2）确保边缘检测条没有污垢或损坏。如果在现场也要确认鼓的位置 drum epos。

（3）检查是否有任何批次版材的变化。尝试换用另一批版材，并检查新版材的表面反射率和sum值。版材表面不应该有任何可见的颜色变化。

（4）检查激光头的配置文件，以获得工厂校准的fheadcal值。

（5）上一张版材到鼓上，然后输入命令>> focus cal reflect。获取fheadcal的值，它应当产生一个版材反射率值SR，使得总和为1000。返回的SR值应接近版材指定值。可参考检查版材技术说明（检查以下两个头参数也可能有所帮助：头onthresh应接近1000，头error应接近0）。

（6）如果有必要，手动查找版边，然后运行edgesim.spt的脚本来验证版材是否具有良好的边缘。可使用缓慢移动小车的命令>>carriage moveto 500 10。

（7）检查电源，9针和20针扁平电缆连接头和电源箱。更换出现故障或损坏的电缆。

> **注意** fheadcal值应保持相同的出厂设置，以便可以正确地分析问题。就此问题而言，如果只是单纯考虑检测激光故障，很难处理问题的根本，而所列出的因素中，如果都能保证在正常范围内，问题一定迎刃而解。

100. 最新CTP五代激光头边缘检测故障诊断

最新CTP五代激光头边缘检测故障诊断。

原因分析：

TH5边缘检测过程中不需要任何初始化或参数进行调整。

使用TH5检测版的边缘摄像图像，因为它和Magnus VLF的方法相同。在Service Shell版本3.20.0.2116以上，Edge Cam将支持TH5。当检测边缘时，TH5创建版材边缘的照片，并将其存储在内存中的图像发送到工作站。这些将被自动放在Service Shell EdgeCAM的文件夹命名之日起一个新的文件夹。

解决方案：

TH5边缘图片可能难以解释，因为边缘检测或"发现"的过程包括两个部分：

（1）移动滑架查找边缘大约位置，找到版材的边缘与鼓的边缘检测的位置。

（2）发现大约边缘位置之后缓慢移动滚筒精确查找。

按照以下步骤为如何使用捕获的边缘图片来检查边缘检测过程的例子：

用edge test命令初始化边缘检测>>edge test。

查找边缘图像编号，扫描命令TH5>fine edges found。

<TH5>262.000000 (Picture 470，这是图像编号)，可用edge info（边缘信息）看一些信息。

（3）TH5> edg info。

EDG: Edge State = Edge Off

EDG: Edge Threshold = 2245

EDG: Edge Picture Index = 352 [This is the coarse edge picture number.]

EDG: Edge number of Edges = 0

EDG: Edge offset position = 0

EDG: Edge over media = false

EDG: Edge Last Failure = 0

EDG: Edge Init Last Failure = 0

*** Command Success ***

（4）发送边缘图像在工作站使用以下命令。

```
TH5> crb dump 3 351 [This dumps the coarse edge picture (352)
and one on either side.]
    CRB: Transferring 3 pictures (351 - 353).
    CRB: NETTCP_Open(): Socket opened successfully
    *** Command Success ***
    TH5> crb dump 1 470 [This dumps the fine edge picture 470.]
    CRB: Transferring 1 pictures (470 - 470).
    CRB: NETTCP_Open(): Socket opened successfully
    *** Command Success ***
```

（5）查看图片，打开Service Shell客户端，并选择工具> EdgeCAM>本地图像。

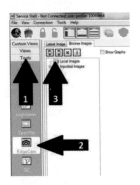

这些照片应该类似于以下内容：

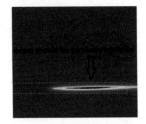

例图如下：

（6）可以将图像导出到其他地方，为通过执行以下命令做进一步的分析。

右键选择Local Images 再选Export：

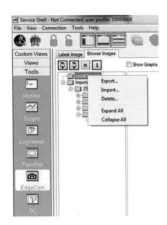

①在Export Options 对话框，做如下选择再单击OK：

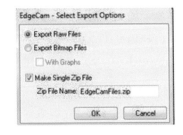

②发送Zip文件到指定的位置。

本例中可以利用图像的方式检测到边缘的情况，如果最终的结果不能达到理想的状态，完全可以屏蔽摄像的功能而利用激光头的焦距检测功能来完成版材边缘的检测。

第四章

软件系统及参数类故障

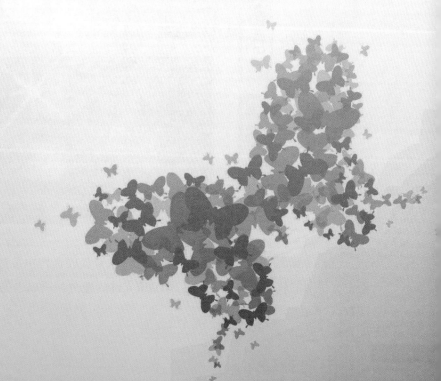

概述

    无论在任何CTP系统中，软件一定是整个运作中的灵魂，而其中的一些参数设定和内部的软件运作，对于维修人员来说必须掌握，这里所说的软件更多的是针对电路中的应用软件而少涉及流程，软件对硬件来说是固件，参数对软件来说是维持运作及对应机器优化的最佳值，它的故障诊断可通过计算机来完成。

    主板固件及参数。主板中的固件用于运行整个CTP系统，而参数则是用于不同配置和版材的应用，包括底层的软件和操作软件及参数三部分组成。

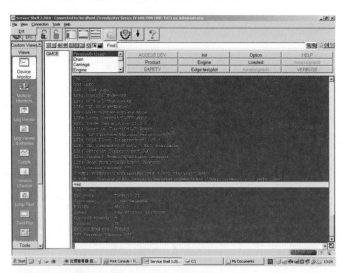

    激光头固件及参数。和主板的参数类似，但应用范围只是在激光头的部分，而参数也是针对每一个激光头而言，版材的参数也会存在激光头中。

    Printconsole 接口软件参数。接头软件主要接收流程中发送过来的文件转送到CTP设备中，早期的软件也会有一些处理1-tiff文件的能力，所以也需要在这儿设置相应的版材参数。

版材参数。版材参数存放在主板、激光头、接口软件和流程中，已存在主板中的参数，可以让流程软件随时调用。

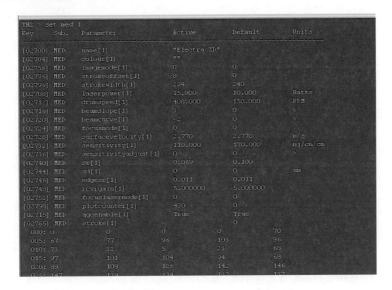

诊断软件。诊断软件用于处理故障时的机器诊断和调试，也可用于设置所有的参数，运行一些批处理文件等的测试。

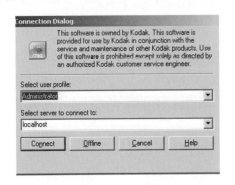

流程中的参数。流程中的参数是用于设置合适的输出格式、曲线参数、颜色、分辨率、色版、版材尺寸等相关的内容。

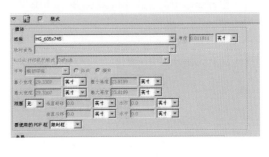

101. 曝光后的版材上定点或随机出现不固定的线条

曝光后的版材上定点或随机出现一些不固定的线条，如下图所示：

原因分析：

从表面来看，这个问题和之前版材起线也有一定的相似性，但是本机的丝杠驱动连接线是不久前更换的，所以不存在接触不好的情况，一般版材上起没有规律的线需要检查的是信号线。

解决方案：

可按情况做如下的一些检查：

（1）和前一个问题有一定的相似性，首先也必须检查连接丝杠电机驱动器的电源线，一定要正常。

（2）检查连接的SCSI连接线，从电脑SCSI卡到机器的TMCE主板之间的连接是否能松动的现象。

（3）升级机器的软件控制器版本到目前最新的版本。

通过对以上三个部分的检查，前面两个检查是没有问题的，也更换了相应的连接线，而最后一个问题是软件方面的情况，针对这个情况，我们检查了机器的安装程序版本，发现本机是安装了一个新的激光头之后发生问题，那么问题也应该在这个部分，于是先把这个激光头的固件升级到和之前那个坏的激光头一样的版本，再用诊断程序中的版材检查程序（version checker）检查所有的固件，没有发现错误的发生，再多次测试文件输出，没有发生类似的情况。

从本例中不难发现，在维修过程中，硬件和软件的故障都会交叉发生，有的硬件问题可以直观地发现，而软件问题是需要用软件来诊断发现，特别是一些带有可写芯片的程序电路版，每一个零件是需要互相配合的，不一定是最高的版本就是最好的，而是与之匹配的才是最合适的。

102. 印刷品有垂直的条纹，与版材的曝光宽度不一致

在印刷品上出现一些垂直的条纹，并且与版材的曝光宽度不一致且条纹间隙大于2.2mm，如下图所示：

原因分析：

有时候客户总是混淆一些问题并把它归结到CTP中，在本例故障中，我们来分析问题的根源及检查以下内容：

（1）用测试文件输出更多的版材，按要求检查所有的内容；

（2）用相同的流程轮流测试图像，看是否有条杠存在，所有纸张上条杠的内容与版材的内容不能吻合；

（3）检查是否版材的铝基纹路导致印刷的条纹；

（4）用1位Tiff图像测试是否是流程问题。

解决方案：

经过以上几个步骤的检查，没有发现CTP中存在有条纹的情况，于是把这台CTP的版材拿到另外一台印刷机中测试，也没有发现任何问题，这下大家应该明白了，所谓的条纹的问题有时候也会来自印刷机，当然在维修的过程中也碰到过版材铝基纹路导致类似的情况，在这个维修过程中只要认真测试几遍，问题很容易锁定在某个环节上。

103. 版材上每隔大约42μm出现白线且宽度为4个像素

曝光后的版材上出现白线且每隔大约42μm出现，白线宽度4个像素，如下图所示：

原因分析：

这种问题主要表现在一些报业的安装有双激光头的机器上，线的出现还有以下三种方式：

（1）沿着主扫描方向的中点出现一条黑线；

（2）在主扫描方向中点靠左处出现一条虚线；

（3）在主扫描方向中点靠右处出现一条虚线。

解决方案：

三条线的出现是由于两个激光头的漏光所导致的，两个激光头的安装不可避免地有些物理位置上的问题，黑线主要是两个激光头的连接处问题，而虚线则是版的初始位和结束位置来决定的一个参数Headspacing，可以通过调整`set gc Headspacing`的参数来做一些修正，但不能够保证完全正常，如果调整到一个适当的值也能接受印刷就算正常。双头激光且用于报业的CTP设

备不可避免地会在两个交接的地方有轻微的接缝，在报纸印刷中不会体现这种轻微的接缝，通常视为正常状况。

104. VLF大幅面CTP启动时机器停留在Gboot模式下

VLF大幅面CTP启动时机器停留在Gboot模式下，Print Console一直在初始化状态。

原因分析：

此故障叙述GMCE停留在Gboot模式是由于一个失败的固件下载到电路板。也可能由于主板有故障发生此问题。如果问题是由于固件升级的问题，下面的字符串将始终显示在日志中。使用Service Shell日志查看器applet和搜索日志文件进行字符串固件错误检测，可以参考下面的例子：

[GMCE] MAIN□008□000200679498***检测到固件故障，重新启动固件***。

[GMCE] *** Error Code = 39518（卫星电路板地址44套准装置100未响应）。

在上述的例子中，在"Firmware Error Detected"（检测到固件故障）后面的那一行来显示哪一块电路板引起这个问题。这次是LIONEL 板地址44。

解决方案：

（1）在线升级，SCON固件下载到卫星板失败。而卫星板上有没有加载主固件时GMCE会复位操作，同时GMCE停留在Gboot模式。在Service Shell中敲回车键时，GMCE显示：Gboot>>。

（2）使用日志查看器Service Shell和打开设备的日志。搜索字符串Firmware Error Detected。在上面的例子中，LIONEL板地址44失败。错误代码39518表示该GMCE无法从板接收更新。该GMCE将复位到Gboot模式的安全性。

（3）如果机器正常运行，GMCE复位并停留在Gboot模式，卫星板之一可能已失败、失电或因某种原因复位。停留在Gboot将阻止故障的板卡执行任何不必要的机构动作。搜索Firmware Error Detected，原因如（1），找到这板有问题。

（4）GMCE自行复位三次，看看主板将正确响应。在第三复位时，将GMCE输出调试信息写入日志，并留在Gboot模式。

（5）该命令SIO NODES和LIST VERSION ALL所有命令都可用在Gboot模式中。SIO节点将显示在CANBUS所有的卫星板上。确保所有的电路板都显示时可以使用此命令。如果电路板没有电源或已彻底失败时，输入"sio nodes"，它不会出现。失败的板子可能会显示重置为好的状态。

（6）`List Version All`将显示卫星电路板的固件版本。如果所有的板没有固件加载，它会显示板的版本为0.00。例如，`list version all`正确显示如下信息。

```
f 21Jul10 18:25:35.390: <GMCE> Gboot>>
f 21Jul10 18:25:35.390: [GMCE] list version all

f 21Jul10 18:25:35.390: <GMCE> Gboot>> list version all
f 21Jul10 18:25:35.390: <GMCE> Version Information:
f 21Jul10 18:25:35.390: <GMCE> ---------------------------------------
f 21Jul10 18:25:35.390: <GMCE> FW: GMCE Boot
f 21Jul10 18:25:35.390: <GMCE>    Version:  1.40.00 Production
f 21Jul10 18:25:35.390: <GMCE>    Build:    17121
f 21Jul10 18:25:35.390: <GMCE>    Date:     May 05 2009 16:37:17
f 21Jul10 18:25:35.390: <GMCE>    Baseline: 4693 May 05 2009
f 21Jul10 18:25:35.390: <GMCE>    Core F/W: 1.34.01.B01
f 21Jul10 18:25:35.390: <GMCE>    Xilinx:   2.12 Backup 2.05 Logic 00.46.04
f 21Jul10 18:25:35.390: <GMCE> HW: GMCE 3.01
f 21Jul10 18:25:35.390: <GMCE> Machine Serial Number: MT197
f 21Jul10 18:25:35.390: <GMCE> GMCE   (00h): BOARD 3.01, MAIN 1.40.00 Production, BLDR
1.26,
f 21Jul10 18:25:35.390: <GMCE>                BOOT 1.40.00 Backup 1.38,
f 21Jul10 18:25:35.390: <GMCE>                XILINX 2.12 Backup 2.05 Logic 00.46.04,
f 21Jul10 18:25:35.390: <GMCE>                HCS12 1.16.00 Mask 0L85D FlashUpdates 9,
<null> 1.34.01.B01
f 21Jul10 18:25:35.390: <GMCE> PDB    (10h): BOARD 5.00, MAIN 1.50, BBR 1.03, BOOT 1.16
f 21Jul10 18:25:35.390: <GMCE> PDB    (12h): BOARD 5.02, MAIN 1.50, BBR 1.03, BOOT 1.16
f 21Jul10 18:25:35.390: <GMCE> DAPHNE (20h): BOARD 6.01, MAIN 1.50
f 21Jul10 18:25:35.390: <GMCE> GENINE (30h): BOARD 2.00, MAIN 1.50, BBR 1.03, BOOT 1.16
f 21Jul10 18:25:35.390: <GMCE> GENINE (31h): BOARD 2.00, MAIN 1.50, BBR 1.03, BOOT 1.16
f 21Jul10 18:25:35.390: <GMCE> GENINE (32h): BOARD 2.00, MAIN 1.50, BBR 1.03, BOOT 1.16
f 21Jul10 18:25:35.390: <GMCE> GENINE (34h): BOARD 2.01, MAIN 1.50, BBR 1.03, BOOT 1.16
f 21Jul10 18:25:35.390: <GMCE> GENINE (35h): BOARD 2.00, MAIN 1.50, BBR 1.03, BOOT 1.16
f 21Jul10 18:25:35.390: <GMCE> GENINE (36h): BOARD 2.00, MAIN 1.50, BBR 1.03, BOOT 1.16
f 21Jul10 18:25:35.390: <GMCE> GENINE (37h): BOARD 2.00, MAIN 1.50, BBR 1.03, BOOT 1.16
f 21Jul10 18:25:35.390: <GMCE> GENINE (38h): BOARD 2.01, MAIN 1.50, BBR 1.03, BOOT 1.16
f 21Jul10 18:25:35.390: <GMCE> GENINE (39h): BOARD 2.00, MAIN 1.50, BBR 1.03, BOOT 1.16
f 21Jul10 18:25:35.390: <GMCE> GENINE (3Ah): BOARD 2.00, MAIN 1.50, BBR 1.03, BOOT 1.16
f 21Jul10 18:25:35.390: <GMCE> GENINE (3Bh): BOARD 2.01, MAIN 1.50, BBR 1.03, BOOT 1.16
f 21Jul10 18:25:35.390: <GMCE> LIONEL (40h): BOARD 0.00, MAIN 1.00
f 21Jul10 18:25:35.390: <GMCE> LIONEL (44h): BOARD 0.00, MAIN 1.50
f 21Jul10 18:25:35.390: <GMCE> *** Command Complete
```

`sio nodes`命令显示如下信息：

```
f 21Jul10 18:48:15.937: [GMCE] sio nodes
f 21Jul10 18:48:16.125: <GMCE> Gboot>> sio nodes
f 21Jul10 18:48:16.562: <GMCE> Satellite I/O Board Node List:
f 21Jul10 18:48:16.562: <GMCE> GENINE Board #05 Id:035h #Resets    0 #PowerUps
0 (CAN)
f 21Jul10 18:48:16.562: <GMCE> GENINE Board #08 Id:038h #Resets    0 #PowerUps
0 (CAN)
f 21Jul10 18:48:16.562: <GMCE> LIONEL Board #00 Id:040h #Resets    0 #PowerUps
0 (CAN)
f 21Jul10 18:48:16.562: <GMCE> PDB    Board #00 Id:010h #Resets    0 #PowerUps
0 (CAN)
f 21Jul10 18:48:16.562: <GMCE> DAPHNE Board #00 Id:020h #Resets    0 #PowerUps
0 (CAN)
f 21Jul10 18:48:16.562: <GMCE> GENINE Board #10 Id:03Ah #Resets    0 #PowerUps
0 (CAN)
f 21Jul10 18:48:16.562: <GMCE> PDB    Board #02 Id:012h #Resets    0 #PowerUps
0 (CAN)
f 21Jul10 18:48:16.562: <GMCE> GENINE Board #00 Id:030h #Resets    0 #PowerUps
0 (CAN)
f 21Jul10 18:48:16.562: <GMCE> GENINE Board #01 Id:031h #Resets    0 #PowerUps
0 (CAN)
f 21Jul10 18:48:16.562: <GMCE> GENINE Board #02 Id:032h #Resets    0 #PowerUps
0 (CAN)
f 21Jul10 18:48:16.562: <GMCE> GENINE Board #04 Id:034h #Resets    0 #PowerUps
0 (CAN)
f 21Jul10 18:48:16.562: <GMCE> GENINE Board #06 Id:036h #Resets    0 #PowerUps
0 (CAN)
f 21Jul10 18:48:16.562: <GMCE> GENINE Board #07 Id:037h #Resets    0 #PowerUps
0 (CAN)
f 21Jul10 18:48:16.562: <GMCE> GENINE Board #09 Id:039h #Resets    0 #PowerUps
0 (CAN)
f 21Jul10 18:48:16.562: <GMCE> GENINE Board #11 Id:03Bh #Resets    0 #PowerUps
0 (CAN)
f 21Jul10 18:48:16.562: <GMCE> LIONEL Board #04 Id:044h #Resets    1 #PowerUps
0 (CAN)
f 21Jul10 18:48:16.562: <GMCE> *** Command Complete
f 21Jul10 19:04:58.109: <GMCE> C SIO: WARNING - LIONEL board 44 has reset 1 times
```

解决方案：

（1）再次运行SCON安装程序，并重新下载固件到电路板上。可以参考SCON固件安装的详细说明，GMCE的板子，直接运行可执行的SCON文件就可以方便地下载固件；TMCE的板子则需要运行script文件来升级完成。

（2）如果遵循恢复过程的文档，而启动的主板仍然失败，可以更换相关的电路板。

（3）如果在机器正常运行时发生此错误，可以运行安装程序SCON和重装固件到电路板上。这个问题也可以使电路板损坏，卫星板子间歇性的+24 V电源线供电不正常也会使此类问题发生。

但在此条件下能轻松启动到Gboot状态与电路板的故障概率不大，所以首先处理软件是必须的动作。

105. 曝光后的版材图像上出现一个像素的竖线

曝光后的版材图像上出现一个像素的竖线，如下图所示：

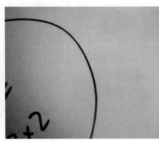

原因分析：

当我们用在GMCE的主板下用Service Shell测试文件时，会有这种情况发生，而用正常的文件输出反而没有问题，很明显这种问题有可能是由于Service Shell诊断程序引起的，如果出现此类故障，我们不必纠结于此，通常情况下，下一个版本的程序就会改善此类问题。

解决方案：

用内部plot的命令测试时出现类似的情况，因为在用命令plot一个图案时，机器关闭了几何物理参数，用最新的TPA来测试版材，内部plot命令只是在必要时用于诊断机器，如果远程执行TPA命令有可能出现类似的情况，所以如果仅仅是在Service Shell中出现问题，而在正常出版中没有类似的情况，可以先不用理会，只需要了解这种情况就行，调试完成后直接出版就可以了。而另一种情况则是在诊断程序中运行正常，输出版材时不正常，则很有可能与调整及激光头有关，在另外的案例中有叙述。

106. 曝光后的版材图像中间结合处有间隙

曝光后的版材图像中间结合处有间隙，如下图所示：

原因分析：

在出版的过程中报以下错误，并且所出的版材图像中间结合处有间隙，有时还会有报错的情况发生。

[38145] MPC：The media is sensitive to retraces and one or more retraces occurred.（MPC：版材对缩放敏感，会发生一次或多次缩放）。

解决方案：

根据以往的经验，这种报错通常发生在Media flags参数设定上，并且是安装有两个头的CTP中，如果Media Flags设定为1或3：

·Error [38145] occurs AND/OR 在回扫点的图像被偏移、覆盖或失灵。

如果Media Flags 设定为0或2：

·下面的行会被显示在Service Shell设备终端或设备的日志文件中：

MPC：Total number of carriage retraces：1（这个数字应该为0）。

当激光头扫描时，下一个重合点的扫描位置是不正确的，所以设定正确的Media Flags就能解决这个文件间隙的问题。

在常规的维修过程中会有很多的版材参数和激光头的参数，如果在某一个维修时段更新了一些固件和恢复一些参数，之后如果发现一些问题，就很有可能是参数的完整性所导致的，这个完整的参数在供应商的服务器上会有一份缺省，当然，如果这些参数有记录和备份是最好的，最新设备也会在启动后自动备份相关参数文件。

107. 图像曝光后版材上显示出镜像的效果

图像曝光后版材上显示出镜像的效果，如下图所示：

原因分析：

CTP本身不可能有文件镜像的现象发生，这种问题通常情况下都是由操作过程导致，而导致这种问题的发生，可能在以下三个方面：

（1）检查图像属性以及本身是否镜像；

（2）检查工作流程是否设置为镜像；

（3）检查打印机设置是否为镜像。

解决方案：

如果图像本身有镜像，就不存在问题的可能，而工作流程中如果有镜像，出版质检的人员也会知道，如果这两个方面排除了，最有可能是在印刷设置中加入了镜像的选项，这种明显的问题，只要稍加测试就能够很好地解决。

108.测试时有蛇纹状的图像出现在plot 22的图案上

测试时在plot 22的图案上出现有蛇纹状的图像，如下图所示：

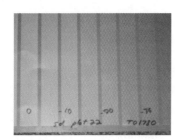

原因分析：

Plot22图案通常用于调频网的应用和调试，因为更细的网点会有更好的表现力，同时也能让机器的状态调整到最好，所以这种要求才能用于高品质的输出。

解决方案：

按以下方法调整版材就可以解决这个问题，同时也是标准的调版程序。

（1）加载一张最常用的版材；

（2）用head install on或foc install on检查激光头的sum值和error值；

（3）松开零位调整螺丝和固定挡片；

（4）初步调整error值到+10～-10之间。

测试机器的SR值。

（1）精调机器的误差值到+5～-5之间，也就是good range范围；

（2）Sum值的调整，范围在1100～1300之间；

（3）head install off，关闭激光头的零位调整；

（4）将激光头的螺丝固定。

检查版材的参数，相关参数调整顺序如下：

Focus（焦距）→ Power（能量）→Slope（倾斜）→Curve（曲线）→Fine Focus（最终焦距)→ Fine Slope（精确倾斜）。

作为维修人员，对于版材的精调是必要的，所以掌握相关的知识，对于提高维修技能大有帮助。

109. 测试plot 22图案时每大约5mm出现蛇纹状条纹

测试plot 22图案时每大约5mm的区域出现蛇纹状条纹，如下图所示：

原因分析：

按上一故障检查及调整版材参数后，问题没有得到本质的改善，所改善的部分是条杠会轻微一点，但还是怀疑是激光头的调整问题导致的，于是再拆下激光头重新调整，问题没有变化，改变了维修策略，检查激光头的连接线是否有异常。

解决方案：

重点检查以下两个连接：

（1）检查Hotlink同轴连接线，这条线主要用于数据的传输，如果出现问题，很有可能是之前提到的图像缺失和根本没有图像，早期的机器如果是这条线的问题，就不会报错，但最新的机器如果这条线连接出现问题，机器会报出错误。检查后没有发现异常。

（2）由于这个激光头比较旧，检查连接的带状数据线，在检查过程中发现数据线在运动过程中表皮有轻微的磨损，虽然不能一定判断是这条线的问题，还是更换了一条新的连接线，重新开机后设备输出正常。而在一些新机中有相应的报错，但容易引起误判。

本例的维修过程中，虽然走了一些弯路，但是从这个维修过程中，我们不难发现，有些问题的相似性会让人混淆它的真相，但是只要认真仔细分析及检查，所有的问题都能得到解决。

110. 在版材尾端结束曝光的区域有一些细小的线

一些细小的线在版材的尾端结束曝光的区域，如下图所示：

原因分析：

线的方向在主扫描方向，也就是围绕鼓的方向。

这个现象通常表现在一些老的CTP机器中，主要原因是老的设备参数中无法调整几何套印参数，其中也包括图像的缩放等，一般情况下，升级主板的固件，能够解决这个问题。

解决方案：

我们在维修过程中会遇到各种各样的问题，软件、硬件、显影或版材都有可能，但是我们只要能找到一些共性的东西就很容易解决，以下解释如何在一些设备中升级新的固件：

MCE Boot 升级程序v1.06 到 v1.07

(转换诊断口的连接线到 J38的接口)

做 MCE Boot code 升级程序，需要准备以下文件：

• MCEBoot.Bin MCE Boot Code v1.07。

• MCERec.Bin Bload.Exe MCE Recovery Code v1.00 以上的文件。

• Binary Download Utility v1.11 以上的文件

• Term.Exe Term Utility v1.02 以上的文件，或者其他的Terminal 程序，如：ProComm。

如果也需要更新 MCE Post Code 就需要以下文件：

MCEPOST.BIN MCE Post Code v1.03 或更新的文件。

（1）从终端程序中运行命令行中输入(J40 在MCE的主板上连接)：`reset bbr.` 检查MCE主板上的SERVICE 和HEARTBEAT 这两个LED指示灯交替闪烁；

（2）退出Terminal到DOS命令行(按^C 在Term.exe)，输入这个命令：`Bload f=mcerec.bin I=rec p=nn b=57600`,nn表示你电脑中的com端口，1 就是com1，2 就是 com2，输入完这个命令应该没有错误出现；

（3）输入这个命令：`Bload f=mceboot.bin I=boot p=nn b=57600`,nn还是指当前电脑连接的端口 (1，2，等等)，MCE boot code 下载完没有错误出现；

（4）把MCE中的J40连接线取下连接到J38的端口上 (端口标识 "SPR_COMM")；

（5）运行Term.exe 终端程序，设定速率为57600；

（6）用MCE上的重置按钮重新启动MCE主板，在电脑终端程序中按ESC键直到出现v1.07 MCE boot code 的界面；

（7）然后用这个命令下载新的post 固件：`Bload f=mcepost.bin I=post p=nn b=57600`；

（8）最后下载 MCE 主固件。命令格式：`Bload f=2630fmw.bin I=main p=nn b=57600`。

下载完成后，退出所有的程序，重新启动电脑和所有的连接设备，启动机器后，在

Service Shell中输入`list version all`就能检查所有下载的最新的固件版本，测试机器出版恢复正常。

111. 版材起始位或结束位有一个像素丢失或损坏

版材曝光后起始位或结束位的边缘，曝光区域的一个像素丢失或损坏，丢失的图像是绕着鼓的方向，如下图所示：

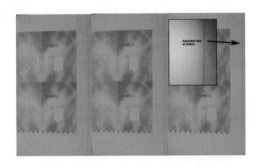

原因分析：

像素丢失，自然不会是机械的问题，何况只是在版材的两端，很有规律性的东西出现在版材上面与激光或参数的设定有一些关系，类似这种情况在前一故障类型中，起始和结束的区域大小完全不一样，故此需要查看参数。

在结束端有如下两个图案的样例，以下这种情况更加明显。

解决方案：

这类故障没有出现在新的CTP机器中，而这台设备是MPE主板控制的机器，在查找版本中，发现MPE固件版本低于2.55，于是将这个固件升级到当前比较新的2.56，这个时候增加一个WJO（whisker_jet_offset）的参数，这个参数用于版材的扫描前后吹气的压力。

以完成最终的完整图像输出。

（1）设定`set sys wjo`的参数为0。

（2）检查wisker jet的压力值。

如果wisker jet吹气过大，会把版材的边缘部分吹变形，而导致此类故障，因此，在调整这个吹气的时候我们只需要把值固定在45 psi即可，如果还有这种情况，可以再稍下调到35psi左右，可根据不同的版材厚度来决定。

112. 版材曝光后的版头边缘有图案出现

版材曝光后的版头边缘有图案出现，如下图所示：

原因分析：

大约在版头的边缘检测区域有3到5个Swath的曝光不良。

这种问题经常出现在版本低于1.06的MCE主板中。

解决方案：

这种问题可能需要升级固件。如果没有固件升级可用时，检查TH2激光头，从而改变Sys的parm参数17。使用下面的命令：

```
QUANTUM>> redirect enable
*** Command Complete
TH2 > eng
*** Command Success ***
TH2 > sys parm access 17 disable
*** Command Success ***
TH2 > sys parm 17 3
*** Command Success ***
```

更改完成以上参数后，如果问题没有得到解决，就必须升级MCE的主板固件，像这种很有规律的图像丢失，与激光头和MCE主板会有相当的关系，不过这种参数，通常情况在工厂内已调试完成，不需要在现场更改，如果能找到工厂的原始参数重新导入CTP中，一样也能得到完整的解决。

113. 四色版曝光后图像套印或缩放问题

CTP四色版曝光后图像套印或缩放问题，如下图所示：

原因分析：

图像套印问题，一般在机器出厂时，通过校正GC参数，保证版材、图像一致。如果更换了某些部件，如激光头、丝杠，就需要重新校正。

解决方案：

在set gc的参数中可以看到以下一些可更改参数：

Mshift单位是μm，移动图像向上和向下的mainscan主扫描方向（绕鼓），默认是打开的；

Sshift单位是μm，移动图像subscan扫描方向（沿鼓），默认是打开的；

Mscale单位是ppm，在mainscan主扫描方向缩放图像（绕鼓），默认是关闭的；

Sscale单位是ppm，在subscan扫描方向缩放图像（沿鼓），默认是关闭的；

Rotation单位是μm，旋转图像，默认是打开的。

理解了以上几个参数，就能很好地理解GC的应用，对于这类的图像缩放，就可根据需要去更改相应的参数了，一般情况下微小的套印问题都可以通过调整参数解决，如果有较大的偏移，就有可能是机械的故障所导致的，或者某些功能完全丧失引起，但概率比较小，我们理解了以上参数意义，对校正一般性问题有很大帮助。

114. 版材曝光后图像整体移位

版材曝光后图像整体移位，如下示意图：

原因分析：

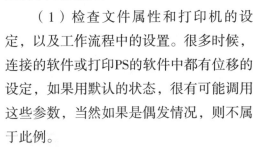

如果图像仅仅是位移而没有发生变形，我们可以检查以下几种情况：

（1）检查文件属性和打印机的设定，以及工作流程中的设置。很多时候，连接的软件或打印PS的软件中都有位移的设定，如果用默认的状态，很有可能调用这些参数，当然如果是偶发情况，则不属于此例。

（2）版边检测位置不正常。

如果图像位移靠近起始位，有可能边缘检测提前完成。也就是说在机器还没有看到版边的时候，就认为是版边了，这种情况就是图像的位置靠前了。

如果图像位移靠近结束端，可能是版材的Sum值太低，用Head install on可查看Sum值。正常情况下，我们要求能正确地计算出版材的反射率和Sum值，也就是机器的零位值，如果这些值极低，也会造成这种情况的发生。

（3）检查上版系统是否正常。版材上到机器中的位置在规定的区域内是没有任何问题的，CTP会自动检测到版材的存在，如果偏移过大，造成这种情况的可能性也很大。

（4）检查CTP中GC的Shift参数是否人为做过调整。如果每一张版都会出现这类情况，并且偏移不是很大，就需要去检查GC参数。

一些维修案例中也曾经碰到由于激光镜头没有吸尘、灰尘过多导致的此类故障，清洁镜头后故障消失。

解决方案：

另外如果是GC参数有问题，只需要调整下 `set gc Sshift` 这个参数，直到达到要求为准。

还有一种比较老的CTP，可以把检查边缘的功能关闭，如果关闭了边缘检测功能，每一张的偏移都会不一样，这个偏移取决于放版的位置，通过以上几个部分检查，很容易诊断出问题的所在。

115. 图像水平方向拉扁或缩放

曝光后版材中图像水平方向拉扁或缩放，水平方向也就是丝杠平行的方向。

原因分析：

如果没有在刻意调整的时候发生这种情况，肯定与CTP的温度系统有关系，需要检查以下三个部分：

（1）检查连接到主引擎上的温度感应器和丝杠温度感应器。这两个感应器保证整个CTP引擎部分的温度系统保持在一个正常范围内，一旦温度发生大的变化，CTP会根据温度的变化来补偿对图像的变化。

（2）检查温度补偿是有效的。保证CTP激光头内部的问题是否保持在一个恒定的范围内，现在2.0的激光头内部问题是24.8℃。偏移过大，对补偿会有很大的影响。

（3）机器内部的温度补偿具有以下功能。

a. 内置温度补偿系统，无须人工干预；

b. 环境温度变化，激光头的温度不会有变化；

c. 自动对印版的热胀冷缩进行补偿；

d. 任何时间曝光的印版都能套准。

解决方案：

经过很多例的故障诊断，发现温度的急剧变化很容易引起这种问题，平时只要保证CTP工作车间的温度在正常的范围，同时保证冷却液是在标准的范围内，这种问题就不会发生。

116. 版材输出后，没有规律性地在横向、竖向、斜向有划伤

版材输出后，没有规律性地在横向、竖向、斜向有划伤，如下图所示：

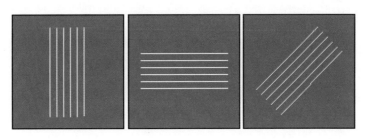

原因分析：

正常情况下输出的版材是不可能出现几个方向的划伤，这就说明划伤的地方可能不止一个地方，可能在CTP内部，也有可能在显影的过程中，还有可能在取版的过程中，需要我们逐一检查。

解决方案：

（1）在曝光之前不要用打孔机打孔，曝光完成后才可以打孔，打孔时的划伤，也可能是斜线，基本没有规律可找。

（2）检查CTP机器和版材本身，特别是上版胶辊是否有脏东西，如果胶辊脏或有东西黏在上面，一般都是纵向直线。

（3）保证自动上版装置正常，自动上版的设备通常情况下也是纵向的直线为多，自动上下版的设备，而且要听是否有声音异常的情况，上版过程可以目测。

（4）版材在上到CTP机器之前，保证没有被划伤，这种人为的划伤没有规律性。

（5）检查显影机，显影机的划伤基本也没有规律性，但是可通过目测检查版材的划伤。

（6）检查吸尘机的管子是否有松脱碰到版材，如果这个地方有问题，曝光时设备会有异响，比较容易觉察到。

下图是典型的先打孔后曝光的情况，引起版材在打孔后局部不平，引起焦距问题。

117. 当输入更改版材的参数时报34039的错误

当输入更改版材的参数时，报34039的错误，错误如下图：Restricted parameter, insufficient access level (MCE Error number 34039) (受限制的参数，没有足够的访问级别)。

```
set media 2 debrisoptions 3
TSVENG>> set media 2 debrisoptions 3
FAILURE:  Value:(3) Error:(34039)
*** Command Failed: 34039
   [Restricted parameter, insufficient access level]
```

原因分析：

当你没有解除权限时输入这个命令会出现报错：set media n name <NewMedia>。

解决方案：

如果确定需要更改的参数与吸尘相关，可用以下命令完成：

（1）用命令 prm hazardous media enable 激活版材参数；

（2）再次输入更换参数命令更换相应的参数 set media n debrisoptions X(1-3)，1代表吸气，2代表吹气，3代表吹和吸同时进行；

（3）重新启动CTP。

```
prm hazardous media enable
TSVENG>> prm hazardous media enable
SUCCESS: Media mode is enabled
*** Changing media parameters can result in hazardous conditions for the operator
*** Only qualified and trained personal should be changing these parameters
*** DO NOT CHANGE MEDIA PARAMETERS IF UNSURE OF THE USE ***
*** Command Complete
```

特别需要注意当变更吸尘相关的任何媒体参数，一定要保证你的版材是在灰尘不是很大的空间里工作，因为版材表面的涂布经高温后是有害的。

在CTP的诊断软件中，有不同的级别出现，就会有不同的操作界面和等级。

通常情况下有客户级（customer）、工程师级（engineer）、专家级（expert）、开发级（Dev）等，我们可根据自己在维修过程中的需要更改这些级别。

Access：用于操作的级别，可以有更多的命令。

Verbose：用于显示的级别，可以有更多的信息显示。

使用方法：>>verbose user (上面列出的四个级别)。

118. 第二张版之后的每一张版需要等待较长时间

客户反映CTP在曝光第一张版正常后，第二张版之后的每一张版需要等待较长时间，并且没有任何报错。

原因分析：

相对那些有报错信息的故障而言，这种问题很难怀疑到设备的硬件故障，而首先要检查的重点自然是CTP的软件。于是做了以下操作：

（1）更新CTP设备中的固件。

（2）更新CTP连接软件Print Console或XPO。

（3）检查流程中的设置及和接口的软件版本的匹配。

也怀疑过小车的驱动板和MCE主板问题，但分别更换后，问题也没有得到解决。

这些检查及动作完成后，设备故障依旧，于是进入Service Shell中查看日志文件。

解决方案：

打开CTP记录文件最高等级，逐条查看曝光及上下版的过程，发现在每一张版曝光完成后，小车返回的速度很慢，也就是小车的 Mspeed速度，于是用下面的命令查看：

```
set carriage
TSVENG>> set carriage
PRM carriage parameters:
Group        Parameter      Active          Default         Units
------------------------------------------------------------------------
carriage     Mspeed         85              85              mm/s
carriage     Accel          150             150             mm/s^2
carriage     Gearing        3.000           3.000
carriage     Pitch          5.080           5.080           mm
carriage     Steps          200             200
carriage     Kamp           2.000           2.000           Amps/Volt
carriage     Imove          7.000           7.000           Amps
carriage     Iplot          7.000           7.000           Amps
carriage     Ihold          1.200           1.200           Amps
carriage     Mtravel        1162            1162            mm
carriage     Espeed         10              10              mm/s
carriage     Ispeed         20              20              mm/s
carriage     BIgain         1510            1510
carriage     BIDCgain       4               4
*** Command Complete
```

发现Mspeed的设定速度被改为10，这样的话，每次返回的速度正好是等待的时间，更改丝杠返回时的速度，考虑到机器的速度，丝杠在曝光完成后的速度是全速度运行，可通过set Carriage Mspeed 85来调整返回速度参数Mspeed。

通过以上案例，我们可以看到，在维修过程中，不但需要注意设备真正的硬件问题，它的参数也是很关键的。当然在本例中，如果能及时导入CTP的原始参数，解决起来也是很容易的。

119. CTP设备启动后报头夹超时错误

CTP设备启动后报以下错误：

40663：Leading edge clamp timeout：failed to arrive at sensor {LEC_sensorOn}（头夹超时：不能抵达传感器），如右图所示：

原因分析：

从表面上看，这种问题应该和设备的头夹有关系，这类的故障通常都需要进入诊断程序，在命令行中输入以下命令：

```
TSVENG>> lec
LEC drive                          =off drum
LEC off drum sensor (home)         =Blocked
LEC off drum sensor (away)         =Blocked
LEC on drum sensor (home)          =Unblocked
LEC on drum sensor (away)          =Unblocked
Drove matches sensors              =Yes
*** Command Complete
```

查看到设备在准备的状态时，没有任何错误，但是在初始化过程中报错，没有做过多的测试，先用命令scan lec_sensorOn bon试图关闭这个无法读取的感应器，在诊断界面中reset。机器启动后在Print Cconsole中仍然显示相同的错误，于是再读取所有的版材参数，发现所有的参数都被清空了。

解决方案：

CTP设备中如果没有参数，机器的很多功能是无法实现的，所以第一步必须要导入参数，有以下两种方法：

（1）加入备份的文件GMCENvsoo.bin，把之前的备份复制入C:\Creo\Creo\Firmware这个目录下覆盖之前的文件，再重置CTP机器，开机后应该就可以用回以前的参数了。

（2）用诊断程序中的backup（备份）和 restore（恢复）来导入之前的备份，单击restore（恢复）按钮，再选择相应的恢复文件，或选所有的选项，再单击下面的

restore（恢复）就能找回所有的参数。

这是一起典型的参数丢失故障，所以在维修设备之前，对于参数的备份是十分重要的。同时，在维修这种情况之前，我们一定要先检查下参数是否正常，不要贸然去更改或屏蔽相关的感应器或硬件的物理位置。

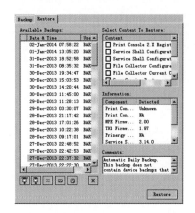

120. 等待激光头连接的时间超时

CTP设备在安装过程中报错：Suspended：38186 [MPC：Workstation Fault [100208] Timeout waiting for thermal head to connect (PSRM Error code 100208,), resubmit job]（等待热敏头连接的时间超时）。

原因分析：

输出设备加载版材时，发现该版边缘没有问题，但是当它开始成像时报错，该PSRM后台加网光栅处理（Post Screening Raster Manipulation）组件可尝试将数据发送到错误的网络接口连接，也就是本地网络，而不是MCE连接。

解决方案：

这个问题将在新版本中修复，与此同时，解决的办法是用一个新的文件代替旧的PSRM15.dll文件。

（1）下载新的PSRM15.dll 文件或者从其他地方复制一个PSRM15.dll。

（2）退出 Print Console流程软件。

（3）找到这个目录中的PSRM15.dll文件C:\Creo\DCAPI\PSRM15.dll。

（4）更改这个dll的文件名为PSRM15.dll.old。

（5）复制新的文件到C:\Creo\DCAPI。

（6）重新启动设备和电脑。

类似以上的问题，在一些新安装的设备中最容易出现，这种问题也会在工厂的测试过程中发现，只是有些测试量没有达到一定的数值，可能忽略了问题的存在。我们在维修过程中如果频繁出现，或者在另外一台设备中也出现了这种问题，就可以采取更新文件的方法来解决。

121. 不能与GMCE固件通信

CTP 设备在安装或下载GMCE的固件时报错：Failture to communicate with gmceo firmware ensure the gmce monitor command "net bootp on" has been issued（不能与GMCE固件通信，确保发出GMCE监控命令"net bootp on"）。

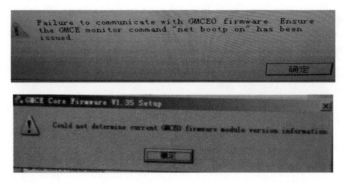

原因分析：

Windows 2008或Windows 7的防火墙服务被禁用。

由于Windows防火墙服务适用的Windows服务强化规则，标准的Windows网络服务，Microsoft不支持停止Windows防火墙服务。如果不希望使用Windows防火墙，可以关闭防火墙功能，无须停止服务。

解决方案：

在Windows 2008标准或者R1，可以通过停止防火墙服务和设置Windows防火墙服务的启动类型来解决问题"已禁用"。

（1）查看Windows防火墙服务已启动，启动状态 Startup Type = Automatic（自动）。

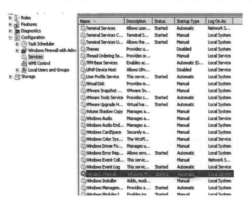

（2）要关闭Windows防火墙监测规则，在命令行中运行 cmd window (Start > Run, 输入cmd 按下回车键)：

（3）netsh advfirewall set allprofiles state off。

（4）保证在这个菜单中Server Manager Configuration > Windows Firewall with Advanced Security（服务器管理器配置>有高级安全的Windows防火墙）设定为off。如下图：

在一些已安装好的设备中如果打开了防火墙，启动机器后会进入Gboot模式，重启无数次仍然不成功，更换新GMCE电路板问题依旧，若远程上去也尝试重新安装Control Release，但是中途报错，没法正常安装，GMCE网卡的防火墙开了，之后关掉防火墙，重启电脑、CTP，启动正常如下图所示。

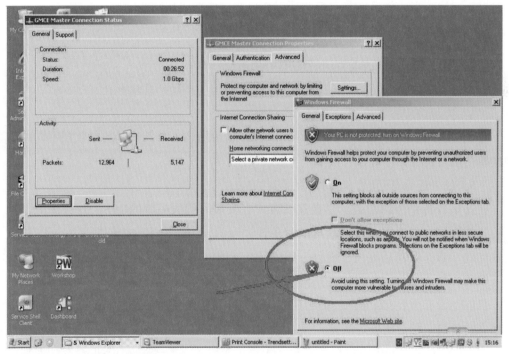

与此相关的问题有以下三种：

（1）安装错误的CR版本，使固件和机器不一致。

（2）没有正确安装固件。

（3）没有关闭防火墙。

最关键的因素是安装时一定要选择正确的CTP型号，一旦选择错误就没有办法下载正确的固件，安装也就没办法完成。

无论在安装还是在维修，以上这种情况都是我们在这一过程中所要注意的相关事项，如果能掌握这些相关的内容，处理维修和安装中遇到的问题就相对容易些。

122. CTP设备报闪存写入错误

CTP设备报错：Flash memory write error 36508 and CFL□WARNING□ Feature licensing communication failed（闪存写入错误36508和CFL：警告：功能许可通信失败）。

原因分析：

CTP在工作时会调用相关的参数，如果参数丢失或者设备运转时突然断电，很有可能发生此问题，当然如果MCE主板芯片损坏也有可能造成相同的问题。

解决方案：

（1）用FirmwareUpgrade script备份NVS参数。

（2）备份好后在Service Shell里输入命令>>stg erase flash。

（3）再备份NVS参数。

（4）用Windiff软件比较两个文件的不同，然后用第一个备份里的参数把不同的部分替换掉。重启设备，检查是否正常。

（5）如果还是有问题，就需要更换新的MCE主板。

在这里要特别强调的是，尽量建议客户在安装时购买品牌的UPS，并且保证服务器及设备使用同一组电路，这样就可以避免该故障的发生，发生这个问题时一般闪存里存在些问题，最好清除后重设，而且一般就几个参数，不用重写所有的参数，相信重写也是可以的。

目前还没有全胜800 Ⅲ的反馈，而且全胜800 Ⅲ的设备程序都在服务器里，且一般都有独立的备份，相对比较好恢复。

全胜800 Ⅲ有时候停电也会丢参数，无法正常启动，突然停电UPS也没有切换到电池供电状态，在旁路供电状态，造成CTP服务器非正常断电，启动以后，Print Console 启动提示没有可用版材信息，CTP参数丢失，这类情况和此问题一样。

新的CTP都是采用千兆网卡作为接口的。这个接口通常使用Intel Pro/1000网卡和一根1000M的网线建立CTP与工作站的联系，在网络连接里面显示的名字是GMCE Master Connection。这个网卡的IP地址一定是静态的、唯一的——IP：192.168.100.209，Subnet Mask：255.255.255.128。如果不小心更改了这个IP地址，工作站就会显示不能连接设备，导致机器不能工作，要马上改回上述地址。并且不是所有的网卡都能使用，它对芯片有要求。目前，我们使用的是Intel Pro/1000PT，其他网卡未经测试，不保证使用后设备能够正常运行。通常情况下，客户的服务器或者工作站都有两个集成网卡，如果客户不小心在插拔网线时错误插入集成网卡，也会造成机器不能连接的错误。总之，保存好相关的参数，就能及时救活你的CTP设备。

123. 卸载台推版器向后移动没有到达显影机的进口位置

全自动CTP机器在卸版时卸载台推版器向后移动没有到达显影机的进口位置。

原因分析：

我们可以先来分析下版的过程以及故障的现象存在以下的可能性和症状：

（1）版材从主机传送到下版台，下版台向下移动；

（2）真空关闭；

（3）卸载吸嘴下移；

（4）版材推动器向近端移动；

（5）卸载吸嘴向上移动。

版材推动器推向显影机，该移动在相反的方向，并意外地碰到近端（home）传感器。原因如下：

这个设定的参数 set exit FastDistance 设置对应为版材尺寸的值过高。

所用的制版固件的逻辑如下：

这个参数 <FastDistance >比版材尺寸大 <plate size>。如果是的话，用推版台快速距离参数 <FastDistance > 减去版材尺寸 <plate size>。如果不是的话：将推版台移动到位置0。其中：

<FastDistance 参数> =该值 set exit FastDistance NVS 参数。

版材尺寸<plate size> =横向扫描版材大小。如果印版旋转，版材主扫描大小，如果不旋转就是直接出来的版材尺寸。

解决方案：

（1）增大设定出口FastDistance参数值，使得它比版材尺寸退出的尺寸大。

（2）调整显影机与主机之间的距离。

本例中，没有特别的维修方案。通常这类问题发生在安装机器的过程中，有的工程师如不清楚调整方法，往往喜欢把设备与显影机之间的距离调整得比较大，虽然没有原则性的问题，但是从安装的角度看不太漂亮。

124. 卸版台在版材还没有进入显影机前就抬起来

全自动上版机的下版台在版材还没有进入显影机或者没有离开卸版台时,卸版台装置就抬起来。

原因分析:

在卸载台向上移动之前,版材已完全离开台子,可能使版材倾斜,并造成显影过程中的问题,问题的来源还是在卸版台部分。

延迟的卸版台动作,版材已离开卸版台出口传感器,在卸料台的尾部向上移动,从推版器的步进电机的出口速度计算。这个出口速度必须比显影机的进给速度略低。如果不是的话,在卸版台向上移动前版材被完全传送到处理器进给口。

解决方案:

为了让版材在离开卸版台前有更多的时间向上移动,减少推动器步进电机的出口速度。GMCE/MCE类的固件,调整退版速度(exit velocity)参数。该参数定义为版材被推入显影机的速度。它应该被设置得比显影机进给的速度稍慢一些。定义范围是0到1000.000 mm/s,缺省为13.000 mm/s。

而在一些老设备,如MPE主板的机器中,调整slow_end_vel参数,搜索SR找到参数的详细描述,定义范围是 0 到254,缺省为10。

如果版材已经清除了这个参数,`set mhauto PlateGonePostDelay`不会生效,还会有此类错误 "Wait for plate to leave unload table"(等待印版离开卸版台)的信息出现,或继续这样发生问题,就有可能是通性的,将在未来的CR控制软件中使此参数始终生效并解决。

适当地学会运用设备的自定义参数,熟练地运用CTP的命令,对于维修这类安装时发生的故障有很大的帮助。

125. 开机后报不能检索许可证错误

CTP在开机后报以下错误:`#36508 CFL: WARNING: Feature licensing communication failed. CTP is not licensed. [BRD: The flash memory` write operation failed to verify]【CFL：警告：功能许可通信失败。CTP未得到许可（BRD：闪存写入操作无法校验）】。

原因分析：

闪存写入错误，设备无法检索许可证，即在PPP链路时，加密狗认可和许可正确装入克里奥功能授权管理。如果增加CFL调试级别的固件，以获取更多的信息，所述CFL的SVC日志将只显示该设备已连接，然后立即无缘无故断开，且显示以下信息：

I 08Aug06 17：50：02.875：CFL Service Accept 0 An MCE address has been detected: 169.254.255.110

I 08Aug06 17：50：02.875：CFL Service PA：169.254.255.110：63828 0 New worker thread/connection made.

I 08Aug06 17：50：03.765：CFL Service PA：169.254.255.110：63828 0 Client "3244 CTP" has connected to the CTP component license.

W 08Aug06 17：50：33.109：CFL Service PA：169.254.255.110：63828 0 It appears that the client has disconnected.

I 08Aug06 17：50：33.109：CFL Service PA：169.254.255.110：63828 0 Finished talking to client due to no more data.

也就是说，许可初始化固件失败，因为闪存有损坏的位。

解决方案：

（1）使用Service Shell 诊断软件FirmwareUpgrade脚本来备份NVS参数。
键入命令

```
>> stg optimize flash
```

（2）如果问题仍然存在，要键入命令>> stg erase flash。

（3）执行NVS的另一个备份。

（4）使用WinDiff的软件来比较两个NVS转储文本文件。

（5）替换与从第一次备份的值不同的参数。

（6）重新启动CTP设备。

（7）检查PPP链路启动。这可能需要几分钟的过程，该设备现在应该有适当的许可。

（8）如果前面的步骤没有解决问题，闪存可能有故障。可以尝试以下步骤。

①更换MCE板。更换MCE板后，不要加载备份的flash.bin文件，因为它包含损坏的数据，需要更新成原厂的数据，否则会发生相同的问题。

②按照上面的第（5）步手动输入NVS参数。

完成最后两步的操作，能够修复由于内部的参数混乱而引起的主板无法启动的现象。

126. 在启动后与许可服务器通信失败

CTP设备在启动后报错：Error 46812："Communication timeout with the Feature Licensing Server"（故障代码46812：与功能许可服务器通信失败）。

原因分析：

CFL没有和GMCE之间建立连接，也就是无法通信，这样设备就没法获取认证，就不能正常工作。

一种情况是TCP／IP协议，Service Shell、Print Console中的沟通工作正常，该装置可以加载主代码和NVS的参数，但CFL不能与设备通信。CFL检查hosts文件无法正确读取creobootp.ini文件。

另一种情况是：在安装CFL CTP功能的软件许可后，Print Console会显示错误46812。这个误差是最有可能发生在具有多个MCE主板输出设备上，Communication timeout with the Feature Licensing Server（与功能许可服务器通信超时）。

解决方案1：

（1）添加GMCE IP地址到Windows主机文件的（位于）C:\WINNT\system32\drivers\etc 或C：\WINDOWS\system32\drivers\etc\。

（2）打开Windows主机中的记事本文件。

（3）添加192.168.100.193 MCE #（CTP设备IP 地址号）。

（4）保存这个Hosts文件。

解决方案2：

（1）当把MCE输出设备设置为PPP服务器，下面的Hosts文件中IP地址的主机名必须是相同的，在Print Console中注册表RCONAddress的条目。它通常是MCE。在现场有多个MCE输出设备，可能已经设置了每个MCE设备的RCONAddress条目，这通常会被MCE1、MCE2，等等。

（2）当CTP功能许可软件接收从工作站验证请求时，它会寻找MCE中的Hosts文件，并不会验证MCE1或MCE2。

（3）可以这么做：

①更改MCE1（或你已经用在RCONAddress项的任何名字）同时在Hosts文件和RCONAddress到MCE。

②对于每一个MCE输出设备，建立在Hosts文件中的两个条目：一个名为MCE（即所

述CFL软件将验证），另一名为MCE1（或已经用在RCONAddress条目的任何名字）。

正确的CFL认证文件就将会被CTP设备和系统所认可，这些问题通常发生在安装的过程中，或者是客户的系统受到病毒的干扰后无法启动所导致的，所以在完成安装后除了需要备份相关的文件之外，还需要加强病毒的防护。

127. EMCE电路板不能通信

新款五代机的CTP设备报错：EMCE board does not communicate; no prompt is displayed. Kernel may be corrupted.（EMCE电路板不能通信；没有显示提示符，内核可能损坏了）。

原因分析：

新款的CTP设备中优化了主板，更名为EMCE，还更新了原来的电源控制板，将PDB更名为EPDB。这种优化的主板，在某些功能上更加集成，适用于现在的所有新款设备，本例中该EMCE板不能通信。没有任何提示，甚至没有引导提示，可能的原因是主板上的内核可能已损坏。

解决方案：

（1）从损坏的内核恢复，负载如以下步骤所述电路板上的备份内核。

（2）按下EMCE板上的蓝色复位按钮。

（3）等待1分钟。

（4）再次按下复位按钮。

（5）等待1分钟。

（6）再次按下复位按钮。

（7）该主板应该用备份内核启动。

完成这个设置后，普及一下新板的功能：EMCE（Emerging Master Control Electronics）主控电路板是基于千兆以太网连接一个系统控制板。低级别的代码是基于Linux的，但是这是对用户透明和服

务活动，并且不影响该固件的命令或软件控制。这块主板的主要功能如下：

（1）线路时序/ PLL信号生成TH2.x和TH5（Helios）的激光头。

（2）数据路径。

（3）为TH2.x系统提供64 MB的图像数据缓冲区。

（4）激光头通信传递接口。

（5）通信输出设备中心。

（6）主机控制中心。

（7）软件诊断功能。

（8）固件和FPGA（现场可编程门阵列）从主机下载。

（9）为激光头小车提供安全通道。

（10）鼓保护。

①SIO（安全联锁覆盖）模式限制转鼓转速到最大转速100。

②控制前门解锁机制。

下图说明了EMCE板安装到了EOS的硬件体系结构：

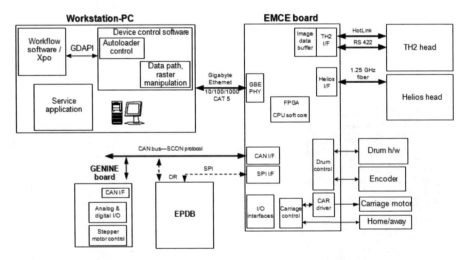

在一些维修中，如果我们了解主机的电路的主要功能，维修起来就很容易。从本例中，我们很好地掌握这种类型主板的功能和启动机制，维修起来就很容易。

128. 印版上存在轻微底灰的现象

CTP输出的所有印版上都存在轻微底灰的现象。

原因分析:

客户使用柯达印能捷Connect工作流程进行CTP制版,制版中所用的原始PDF文件由其他公司提供。该客户在进行印刷作业时发现印张表面出现一层底灰。该客户起初认为是柯达印能捷Connect工作流程的硬件部分出了问题,经过硬件服务工程师指导和协助的方式对CTP曝光参数以及冲版机进行调整和测试,但经反复调整和测试后问题依然存在。

解决方案:

经过分析之后,初步认为可能是原始PDF文件本身出了问题,于是便让该客户进入柯达印能捷Connect工作流程,对原始PDF文件进行仔细检查,首先进行VPS屏幕软打样,再将软打样文件放置在放大镜下进行观察,最终发现处理好的图文部分带有满版小于1%的网点,从这点便可确定原始PDF文件本身就存在小网点,导致最终输出的CTP印版上存在一层底灰。

上述问题的解决,可以在柯达印能捷Connect工作流程中实现,主要有以下三种方法:

(1)利用印版曲线进行调整。在柯达印能捷Connect工作流程自带的Harmony曲线软件中,将曲线上1%的网点的输出值设置为0,这样便可将原始PDF文件中小于1%的网点全部去掉,进而印版上的底灰也就不再出现。

(2)在输出选项中,将最小网点部分的数值设置为1%,同样也可以解决问题。

(3)调整版材参数到一个合适的值,同时检查1%的网点。

有效地利用曲线来解决实际的底灰问题,在生产中是很必要的,因为版材在曝光和生产时是有阈值的,当阈值产生作用时,1%的网点是无法通过加大功率来解决的,也无法以显影的方式来处理,最好的办法是用曲线,所以本例的解决虽说是有点软件层面的解决方法,但也是我们维修过程中经常碰到的问题。

129. NVS的电池电量低

VLF主板中的NVS(非易失性参数)也就是说参数存储在芯片中损坏报错:`2200: NVS: low battery in NVS detected`(检测到NVS的电池电量低)。

原因分析:

在第一代MPE控制的CTP中,主板到现在多数都在8年以上,所以电池供电可能受到影响,NVS电池在MPE主板内。NVS参数保存在一个静态RAM(SRAM)芯片里,当CTP设备电源输出关闭该芯片丢失信息。要创建参数存储,可使用智能插座。将智能插座插入MPE板，并把SRAM芯片插入智能插座上。智能插座监视电气设备的电源。当电源关闭时，智能插座切换SRAM芯片从板上电源到电池电源。按照智能插座的数据表，NVS电池寿命大约为10年。该NVS电池不能更换，所以必须更换整个MPE板。当NVS电池电压达到约2.0V，出现此错误消息，NVS数据丢失或损坏。同时出现错误代码2200，并且所有的参数都无法保存。

解决方案：

（1）备份NVS数据。

（2）关闭设备。

（3）执行NVS转储和参数的副本保存到一个文本文件中。

（4）使用下列程序测量电池电压。

①关闭设备电源。

②访问电源箱，用防静电腕带连接到香蕉插头。

③同时佩戴防静电腕带，取出MPE板和定位塞U212（旁边的PLL错误指示灯）。 32针智能插座，用插入28针NVS内存芯片插座，是末处对面的引脚1。

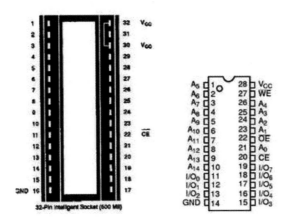

测量上图14脚的存储器芯片（GND）和引脚28（VCC）（引脚16和它下面的智能插座的引脚30）角部的电压，电压应为4.5V至5.5V。如果电压低时，该设备的电源关闭在存储芯片中的数据可能会被破坏。然而，智能插座将使用该设备的电源时，电源被接通，这将保留在内存中的数据。如果电源没有关闭，该设备可以继续运行，直到MPE更换。

采用+5V测试点上的MPE板边缘测量+5V。本应该是+5V±0.25V，如果是低于4.75V，检查背板上的电源连接，并检查电源。如果在+5V为低时，输出设备可以继续运行，但在NVS将仅由电池持续。该智能插座将使用任何电压较高的电池或电源。如果电池和+5V电源都为低电平时，无论器件的电源是否打开或关闭，NVS可能被损坏。

总之，此类问题的报告错误是很明确的，如果测量电压不在正常的范围内，就需要更换用了8年以上的电路板。

130. 无法在VLF CTP中使用0.4mm厚度的版材

客户无法在最新大幅面VLF CTP中使用0.4mm厚度的版材。

原因分析：

新款VLF1600设备中启用了激光头电机移动激光头的Z-stage装置，如果设置不当，就有可能引起此类故障。

解决方案：

本程序用手动的方法调整Z-stage的位置，调整方法如下：

（1）确保Print Console控制台是不是在工作站上运行，并打开设备电源。不要初始化机器或移动鼓。

（2）当固件已完成启动后，确保所有的门和面板都关闭，然后输入以下命令：

`zstage init`

确认`zstage init`命令成功，并且没有错误报告完成。

（3）用命令移动鼓的位置4.5°。

`drum move 4.5`。

（4）移动激光头支架到中间的位置。

`carriage moveto 800`。

（5）输入以下命令：`redirect enable`

`set med 0 sr`。

（6）写下当前sr的参数。

（7）输入以下命令：`set med 0 name`。

（8）写下当前name的参数。

（9）输入以下命令：`set med 0 sr 0.25`

`redirect disable`。

（10）输入以下命令：`list media`

（11）从版材（media）列表中找到需要调整的版材编号，记录下相关的参数。

（12）输入以下命令：`media <x>`。

（13）输入以下命令：`head install on`。

会有以下的图示出现：

```
State=Out of Range, Sum=222, Error=??? Microns
State=Out of Range, Sum=228, Error=??? Microns
State=Out of Range, Sum=223, Error=??? Microns
```

（14）向鼓的方向将激光头移动0.1mm（100μm），输入以下命令：`zstage jog .1`。

（15）观察显示在Service Shell软件的诊断监视器的误差值的结果：`State=Out of Range, Sum=234, Error=??? Microns`。

（16）继续输入命令：`zstage jog .1`，直到sum值到达1000以上时停止输入。

（17）输入以下命令：`foc cal reflect`。

记录当前计算出来的值且用以下的命令设定新的值：`set med 0 sr <new_value>`。

（18）用`zstage jog .05`命令，向中间的方向移动头0.05 mm (50 μm)，直到误差值小于100。

（19）用`zstage jog .01`命令，向鼓的方向移动头0.01 mm (10 μm)。

（20）重复`zstage jog .01`命令直到误差值接近0。

（21）输入命令：`>>head install off`。

（22）输入命令：`z stage`，出现如下的信息。

```
Z Stage drum distance：0.000
Z Stage flatness offset：0.000
Z Stage stepper position：4.584 mm
Z Stage NOT at HOME sensor
Z Stage NOT at AWAY sensor
```

写下`zstage stepper position`的数字。

（23）设定`zstagedrumdistance`参数到机器中`set mh zstagedrumdistance <x.xxx>`，上一步中看到的数字。

（24）输入命令：`head install off`停止errorw值的检测。

（25）设定`zstageflatnessoffset`参数到0.08 mm：`set mh zstageflatnessoffset 0.08`，以补偿版材的厚度问题。

（26）输入命令：`redirect enable`。

（27）输入命令：`set med 0 sr <x>`第（6）步记录的参数。

（28）输入命令：`redirect disable`。

完成Z-stage的调整程序。

（29）输入命令启动机器：`init`。

完成以上的操作，启动机器后，Z-stage就调整到了最佳位置，同时可以输出0.3mm和0.4mm的版材了。

当然一些老的固件也有可能引起相同的问题，在出现这些问题之前，需要确认是否有新的可更新的固件，新的固件中可以自动识别不同厚度的版材命令，只需要一个命令就可以完成相同的工作。

131. CTP设备中如何使用TPA测试工具

在一些较老的CTP设备中，用手动的方法不能调试版材参数。

原因分析：

Test Plot Applet(TPA)是让工程师用来方便地去测试版材及一些参数的新工具，可应用于MCE及GMCE的各类型CTP设备中，这种测试工具让测试变得更加简单和灵活，如果在一些新机器中不能使用命令的方式来工作，一定要用到这种程序的解决方法。

解决方案：

（1）激活TPA，点击窗口中的Tools按钮。

（2）进入后单击Test Plot按钮：

注意，当TAP打开时，必须关闭PrintConsole软件，这两个软件在同一时间只能打开一个运行。

（3）用下拉箭头可选择相应的测试系列，在图中的右上角。

（4）选择Surface Depth Series。

> Power Series
> Slope Series
> Curve Series
> MAG Series
> Drum Speed Series
> Surface Depth Series
> Focus Series

（5）单击New Test Job按钮，打开New Test Job对话框。

输入工作名称Job Name（例如：SD Series 8up）。

·将创建一个与版材相关的参数。

·选择工作类型Job Type (4up, 8up或客户定义的版材)，此图中会用到这个尺寸8UP proof Job 30 X 40。

· 选择所创建文件在哪个组别下Job Group (图中为缺省)。

· 下面三行为一些描述性的输入，可根据需要填写。

· 单击OK按钮。

（6）在下图的右边会出现一个绿色的对话框，新版本中出现在左边。

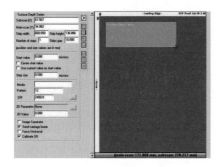

（7）在以下的对话框中输入Surface Depth Series的一些参数：

· Subscan (X) 20 丝杆方向位移；

· Mainscan (Y) 20 鼓方向位移；

· Strip Width 30 测试条宽度；

· Strip Height 100 测试条高度；

· Number of Strips共计输出多少条；

· Start Value起始参数值；

· Center start value中心值和Use current value as start value把当前的值当中心值；

· Step size 5 microns 每一步之间的宽度。

（8）单击下一步会出现Test Plot对话框：

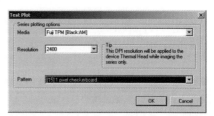

· 单击你想引用的版材 (如图所示，Fuji TPM [Black:AM])。

在HDM中需定义版材的名称，但不需要color的定义，如下：

```
>>set hdm 8 name Fuji TPM
>>set hdm 8 colour Black NOT
>>set hdm 8 name Fuji TPM Black
```

· 选择需要设定的线数Resolution。

· 选择需要测试的图案Pattern。

· 单击OK。

（9）再次单击绿色区域，创建下一个测试内容。

（10）输入版材表面深度的测试Surface Depth series，内容如下：

· Subscan (X) 20丝杆方向位移宽度20；

· Mainscan (Y) 140鼓方向位移高度140；

· Strip Width 30 图案宽度30；

· Strip Height 100 图案高度100；

· Number of Strips共计输出多少条，例如，20条；

· Start Value起始参数值，例如，40 microns；

· Center start value和Use current value as start value把当前的值当中心值；

· Step size 5 microns每一步之间的宽度。

（11）单击进入下一步。

Test Plot对话框会出现以下内容：

· 选择你想测试的版材(例如，Fuji TPM [Magenta:AM])。

```
>>set hdm 8 name Fuji TPM
>>set hdm 8 colour Magenta NOT
>>set hdm 8 name Fuji TPM Magenta
```

所有的名字都必须定义，否则将看到错误More than one media ⋯⋯!

· 选择输出线分辨率Resolution；

· 选择测试图案Pattern；

· 单击OK。

（12）重复以上选择可以在TPA中做其他颜色的测试。

（13）如果想以后继续测试，单击Save test job，存储当前的工作。

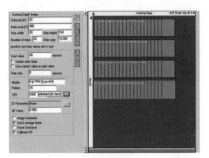

（14）单击Start按钮。

（15）完成后跟着做以下的TPA测试。

· Power series（功率测试）；

· Slope series（倾斜测试）；

· Curve series（弯曲测试）；

· MAG series（间隙测试）；

· Drum speed series（鼓速测试）；

· Surface depth series（表面深度测试）；

· Focus series（焦距测试）。

此案例的操作可应用于所有的CTP系统，作为一个合格的维修工程师必须要掌握这些测试的基本内容。

132. SCSI接口的CTP无法连接到Print Console

SCSI接口的CTP无法连接到输出软件Print Console，也不能到准备状态。

原因分析：

在一些老的CTP升级新的SCSI卡时发生这样的问题，ATTO PCI-e和Trendsetter MCE CTP连接的故障现象有以下症状：

（1）在T610启动时，在ATTO Express自检后，不能出现Creo CTP。

（2）启动至Windows加载内核阶段出现进程条后，不能继续。系统硬盘读写灯不闪烁。

（3）将CTP关机后可以运行系统。

（4）在系统启动之后再开CTP的话，在Device Manager看不到CTP，需要手动刷新才可看到。

（5）Print Console没有规律地出现输出故障。

（6）ATTO Express持续地在系统日志中报错。

测试了一下SCSI线两端的零线电压，发现服务器端零地电压是4V，而CTP端零地电压居然有90V左右，这个零地电压肯定是不正常的，需要进行以下调整。

解决方案：

确认检查后发现，客户服务器的电压使用的市电，而CTP设备用的是隔离变压器和之后UPS提供的电源。在空带UPS负载的情况下，隔离变压器的输出端零地电压就有异常了。在确认隔离变压器两端绕子确实是隔离的前提下，将输出端零地段短接后，通过UPS给到CTP的零地电压就正常了。在输出端零地短接，前提是一定要有可靠的输出端的独立接地的地线。如果操作不当的话，地线悬空，机器外壳就可能带电了。调整后再次测试零地电压，下降到2V的标准以内，开机后连接正常。

此类故障有时候会有连接可以成功，但是输出的版材会有不可预料的线条或空白版的可能，在设备安装阶段，工程师一定要遵循安装的规则去完成电压的测试，安装完成后要确认零线和地线之间的电压，才能通电试机。

133. 版材上有很宽长短不一且不固定的白线

CTP所输出的版材有很宽的白线，白线不固定且长短不一，如下图所示：

原因分析：

可能会在一些和转速的地方出现类以的故障现象，需要检查以下部件：

（1）版材参数。

（2）CTP滚筒编码器。

（3）丝杠。

但从现象来看，丝杠的可能性最小，如果是丝杠问题，这么宽的白线那是非常严重的问题了，所以暂时没有考虑更换，只是检查下是否有异常；针对版材参数，在另外一台设备上做了一个测试，当Trendsetter IV 的机器，鼓速度在60r/min、80r/min的时候，也会出现此类的白线和图像的开始点错误的问题。另外也有可能是当鼓速度在60r/min或80r/min的时候，设备的鼓速度与小车速度匹配时固件在计算图像时发生错误引起的。

解决方案：

新型号的CTP设定正确的滚筒转速，不要低于90r/min以下。调整正确的转速后，机器运行正常。另外我们在设置版材时通常情况下需要参照版材调整参数来进行，而不能只是依靠显影机或主观意识来调整或降低CTP机器鼓的速度。

第五章

辅助设备及其他类故障

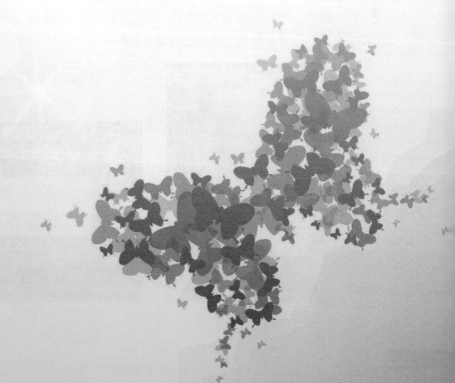

概述

　　辅助设备也是CTP系统的重要设备，它能够过多完成CTP在工作过程中单机不能完成的工作，如显影机，就是帮助CTP机器来完成最后的工作，使其具备完整性，而吸尘系统则是针对不同的版材及区域来达到设备清洁及环保的工作，而有一些辅助设备则是用来保护设备的安全的，如空气循环及冷却循环等，总之，辅助设备是CTP不可分割的一部分。

　　吸尘装置。用于除去版材在曝光过程中出现的灰尘，主要由电机和滤芯组成。

(a)新款　　　　　　　　　　　　　　　　(b)旧款

　　冷却装置。冷却装置分两个部分，一个部分用于设备内部的冷却；另一个部分用于激光头内部的冷却，两部分对温度的要求有所不同。

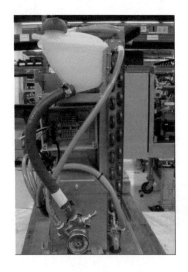 

空压机系统。为整套CTP系统提供完整的供气，同时也为激光头内部提供清洁的气源，通常有活塞式和螺杆式，但螺杆式优于后者。

（a）活量式 　　　　　　　　　　　　　　　　　（b）爆杆式

干燥系统。如果单纯用于机械动作，对干燥系统要求没有严格的要求，但是如果需要清洁激光内部，则需要非常干净的压缩空气，能够保证激光头内部的湿度处于正常的状态。

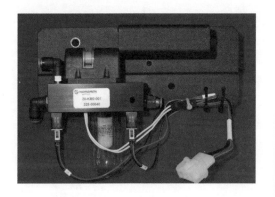

UPS不间断电源。用于为CTP系统和电脑装置提供断电保护系统，对于CTP来说，配置一套好的UPS会保证设备良好地运作。

空气除尘净化。机器内部由于需要清洁和适当的温度，所以空气初效过滤是必须的装置之一。

连接过桥。用于连接CTP系统和显影装置之间的连接部分。

自动供版系统。为自动化处理的CTP提供全自动供版，减少工作过程中的人员干预和操作。

显影机。处理曝光后的版材，是CTP系统中重要的辅助设备之一。

版材检测仪器。对输出的版材网点和密度进行检测，以方便了解机器的参数是否处理正常状态。

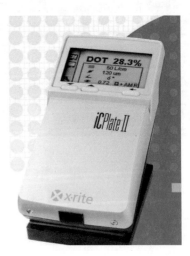

134. 曝光后的版材上出现未曝光的区域

曝光后的版材上出现未曝光的区域，如下图所示：

原因分析：

无论是阳图版还是阴图版都会出现这种情况，对于阴图版来说，它丢失图像而留下实底，这种现象应该是激光的像素在某一区域被关闭而导致曝光时局部没有图像出现。

解决方案：

检查以下可能引起的故障点：

（1）CTP在曝光时检查激光头和MCE主板是否报错，传输数据过程及 Hotlink同轴线接收数据是否有异常，或者是否有报错信息出现；

（2）这种现象包括一个不规则宽度的图像资料，也有可能是电压等原因引起；

（3）检查是否有东西阻挡在激光头的前面，同时也要检查是否是版材本身问题。

经过以上三个步骤的检查，发现曝光时没有报错，检查电压也没有问题，于是检查激光头的前面，在检查的过程中发现激光头的镜头上有一小片黑色的脏东西黏着，用酒精清洁后，测试输出印版，没有发现异常。从本例中可以看出，在CTP的工作过程中，无论什么样的问题都有可能发生，只有在不断的维修实践中，才能发现不同的问题，也会为自己的维修技术奠定基础。

135. 曝光后的版材中间有些类似图形的污点

曝光后的版材中间有些类似图形的污点，如下图所示：

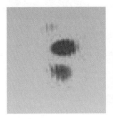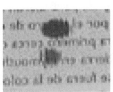

原因分析：

（1）检查版本身是否有问题；

（2）检查压版胶辊是否太脏引起脏点；

（3）检查有些具备滚筒抽真空的机器，吸力是否正常；

（4）检查吸尘装置的AirJet是否把吸尘口的油污吹到版上。

当然在检查以上的一些情况的同时，还要检查版材是否有批量损坏的情况，也需要检查装载胶辊是否有脏印。

解决方案：

本例的情况，主要是由设备的吸尘嘴引起，由于版材的灰尘较大，吸尘嘴没有很好地清理干净，使CTP在工作过程中把灰尘吹到版材上，从而引起这类故障。

通常情况下，吸尘部分包含三种功能：

（1）只吸尘，工作中把版材曝光的灰尘吸走，set media ndebrisoptions 1；

（2）只吹气，只把版材的灰尘吹开，set media ndebrisoptions 2；

（3）边吸尘边吹气，set media ndebrisoptions 3。

我们可根据不同的版材曝光出来的表现，调整和更改这三个选项到最合适的状态，输出版材后，问题得到解决，设备达到理想的状态。

136. 印刷品上有些图形污点并且周围网点缺失

印刷品上有些图形污点并且周围网点缺失，如下图所示：

原因分析：

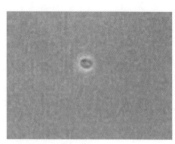

从版材的情况看，不太可能是CTP的激光部分出了问题，通常情况下如果是激光出了问题，都会是比较有规律的网点破坏，但这个污点很明显是在曝光前后导致的，为什么说是曝光前后而不是曝光前或者是曝光后呢？因为这个点有时候中间能看到网点，这种问题就需要在版材从放入CTP到显影过程中来发现，我们需要检查以下几个部分：

（1）检查显影过程是否正常，传输胶辊是否带有脏东西；

（2）显影温度是否合适，对应的版材参数是否正常；

（3）预热装置的机器是否预热温度正常；

（4）更换新的显影液，尝试是否有此问题出现。

解决方案：

本例中，发现版材在显影过程有一根胶辊有明显的破损，这个点是没有很好地与显影液接触而引起。当然，在这一过程中也需要检查版材要上到机器的时候是否有蹭伤，如果有些版材的药膜不是很耐磨，也很容易引起这类故障。

137. 版材上有和版基颜色相同的小黑点

曝光后有一些和版基颜色相同的小黑点出现在版材上，如下图所示：

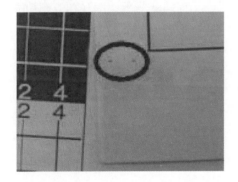

放大特写：

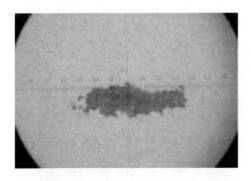

原因分析：

可能出现在所有比较敏感的版材上，这是一个内部参数的设置问题。

解决方案：

升级最新的控制软件，能够支持版材flags的参数，flags有三种类型和作用：

（1）set media <n> flags 1 对焦距激光没有反馈。

（2）set media <n> flags 2 焦距激光做完反射测试后，还要检查激光是否处于关闭状态。

（3）set media <n> flags 3 不检查也不反馈焦距激光。

这是推荐的<flags>设置为三级，设置为<flags>2和3使用HighSR（高速表面反射率）模式。在HighSR模式下，设备固件降低了激光焦点的功率，在设置正确的Flags后可以消除和减少焦点激光斑点，因为在曝光的过程中不需要打开焦距的激光来探测一些参数。

有些报业设备上的版材上有完整说明，如有必要请参阅适当的版材技术说明。一份好的版材说明书，能够解决你在生产中的某些特殊问题。

138. 曝光后的版材上有斑点或条纹出现

曝光后的版材上有斑点或条纹出现，如下图所示：

原因分析：

大片云或斑点状出现在版材上面，眼睛可以明显感觉到这些东西的存在。在所有高速和高功率运行的CTP输出装置中都有可能发生，样品图像显示在成像的柯达V速度的CTP与2400 dpi的2.5头柯达热敏版。该现象是在滚筒从左至右的方向发生。

解决方案：

发生这种故障，我们可以初步判断为激光头或上版的过程中会有一些灰尘或油污对激光有一些阻挡，当然如果显影过程中有一些问题也是有可能的，但还是先检查以下部分：

（1）检查激光头的吸嘴安装正常并工作；

（2）检查吸嘴的管道是畅通；

（3）检查压缩空气压力正常；

（4）检查吸嘴装置是否安装在正确位置。

正确	不正确
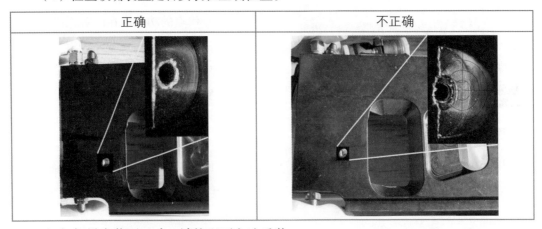	

（5）如果安装不正确，请按以下方法重装：

a. 拆下旧的组件。

b. 清洁旧的吸嘴，最好用酒精浸泡15分钟。

c. 重新安装。

（6）曝光文件，再次测试结果。

本例从图中我们可以看到，激光头的吹气装置在CTP曝光的时候，把表面的灰尘吹到吸嘴旁，很好地除掉版材的灰尘，而这个吹气的小孔有一部分被堵住了，我们只需要清洁或者取下这个装置，除掉小孔周围和内部的附着物就可以解决这个问题。

139. 起始位或结束位的版材上有未曝光的锯齿状图案

起始位或结束位的版材上有未曝光的锯齿状图案，如下图所示：

原因分析：

这是一种明显的焦距失焦的情况，但是在什么情况下和什么原因引起的，就需要仔细检查才能够得到确诊，首先我们检查以下几个部分：

（1）调整吹气的压力至45 psi，确保不会因为版材没有很好地除去灰尘而引起这类故障；

（2）上版的胶辊压力如果两边不均匀，导致版没有很好地贴在鼓上，从而引起局部失焦；

（3）版的位置，如果版的位置不正确，比如版正好在版夹的槽中间，底部没有很好地接触鼓上，有可能引起这类故障；

（4）吸气不良，在一些大幅面的CTP中，鼓的内部有吸气的装置，以防止版材在鼓上的旋转是松动，所以不良的鼓内部吸气也会导致这种情况发生；

（5）激光头内部焦距问题，如果激光头的内部焦距系统出现问题，也会导致此类故障的发生，但是会出现在版的任何位置。

解决方案：

我们在维修过程中，如果能按步骤去分析问题，就很容易发现问题的所在，在本例中，是上版胶辊两端压力不均，导致一边的版材没有贴在鼓上，最后调整胶辊的气缸后，用>>roller on/off命令多次测试两边的同步是正常的，让客户输出版材，机器运行正常。

140. 曝光后的版材图像缺乏清晰度

曝光后的版材图像缺乏清晰度，如下图所示：

原因分析：

影像失焦，模糊或者缺乏清晰度。淡淡的图像，可能带有条纹和有图像的区域。

开始检查前调整激光头的图像质量，同时也应该检查显影处理以确保以下三种状况是正常的：

（1）检查显影机的传输胶辊、显影温度、预热温度，更换新的显影液。

（2）检查头的焦距系统。测试foffset值和SD值，检查这两个和焦距有关的值是否在正常的范围内。

（3）检查调频网在版上的情况，按调整调频网的方法仔细检查。

解决方案：

一般情况下如果焦距系统出现问题，更多的表现是出现条纹，而如果在调整SD值是完全正常的情况下，我们可以按照调频网的方法认真调整，如果所出的版材都符合要求，则需要认真测试显影机的状态。有时候客户的显影机使用时间过长，显影液不能达到正确的电导率，也就是显影液的浓度下降，不能很好地溶解曝光的版材，使版材上面有一层没清洁干净的药膜类，如果多冲洗几遍版材又能达到使用要求，但是这种冲洗的办法会使版材的耐印力大大降低。这个时候我们只需要更换新的显影液，然后调整显影温度和时间，就能达到理想的效果。

141. 曝光后的版材图像有严重的底灰

曝光后的版材图像有严重的底灰，如下示意图：

原因分析：

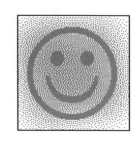

这种情况，一般出现在阴图版上的情况较多，主要是温度调节不当引起。

（1）检查没有曝光的阴图版，经过预热烘烤后是否也存在类似的问题。

（2）热敏版的存放虽然不受普通光线的影响，但是如果环境温度过高，存放时间过长，都会影响质量。

（3）检查显影机的状态。

解决方案：

这类版材通常是将热敏层均匀涂敷在经砂目化与阳极氧化或涂敷过聚酯的铝版基上制成的，热敏层通常包括成膜树脂、交联剂、红外吸收染料和光热酸发生剂。其成像机理是：红外光照射版材时，红外染料吸收光能转化为热能，酸发生剂产生酸，在酸的催化作用下，曝光区树脂产生一定程度交联，形成潜影。经过预热处理，使曝光区树脂发生充分交联反应，而非曝光区不反应。用碱液显影除去非曝光区。

就是在预热处理或者在温度比较高的情况下容易发生底灰的情况，所以阴图版出现类似的情况，首先要处理的是版材的存放条件。如果存放的温度很高，则需要降低存放仓库的条件，才能够保证设备与版材的配合使用。

142. 曝光后版材密度不正确

曝光后版材密度不正确，整个版面网点值发生变化。

原因分析：

对于阳图版，可能是版或者显影机的问题；对于阴图版，可能是图像本身问题。当然也不能排除显影的问题。

（1）检查显影机以及显影液是否老化；

（2）检查版材的参数设定。

解决方案：

热敏版材和热敏CTP都是在一定的阈值下工作的，如果激光的强度超过一定的值，对一般的版材没有什么影响，在某一阈值下，版材的网点和密度能保持在一个较稳定的范围内，如果有密度偏低的情况发生，则与显影和版材本身的质量有一定的关系。密度过低说明显影过度或曝光过度，密度过高则说明显影不足或曝光不足。如果这两种情况同时发生，则很有可能会导致密度不正确。我们在检查的时候用到正确的工具和调试方法，很快就能诊断出这类故障。

143. 版材总是无规律地出现黑点和脏点

CTP机器所输出的版材总是无规律地出现黑点和脏点，更换不同的版材但情况没有发生改变。

原因分析：

就常规的维修而言，所做的CTP调试已到最佳状态，只得让客户更换版材再试试看，客户在更换版材后不久情况依旧，于是就让客户换另一台显影机再试试看，还是出现了相同的情况，无奈之下客户更换了一台新的显影机冲洗，但是黑点的情况依然没有改善，版材供应商也是头疼极了。由于在另外的客户处也出现了同批次的类似现象，于是和版材供应商一同前往来查看问题，经过对版材黑点的分析及放大查看，还是像有东西附着在版材上面，经过对显影机的分析，排除了版材和显影的问题。

解决方案：

着重对机器进行了检查，利用排除法关闭了吸尘吹气动作，一天测试下来机器没有出现这种情况了。如果卸下激光头拆下吸嘴，发现在吹气口处有焦油状灰尘附着物，吹气时可能会附在版材上导致显影不完全，于是将拆下的吸嘴放在酒精中浸泡15min后清洁干净，安装后机器恢复正常。操作步骤如下。

为了使碎片清除系统正常运行，真空吸嘴内部碎片清除喷嘴是该装置的一部分，并且一个激光头被移除，喷嘴必须清洗一次，进行预防性维护，每当头部被交换，以确保小压力螺孔没有在清洁过程中堵塞杂物。

（1）从热敏激光头拆下喷嘴和断开气路。参见下图。

（2）用干净的压缩空气，吹空气向下压抽头管来从小孔清除杂物，不要对仍然连接到设备的软管吹气，因为这可能会损坏压力传感器。

（3）用手电筒检查真空口内部有没有杂物堆积在表面上。

（4）清理出来的杂物碎片，注意不要随意涂抹，并按第（2）步多次清理压力检测螺孔。

（5）再次用压缩空气通过喷嘴的压力抽头孔吹气，以确保它完全没有碎屑。

（6）重新连接软管，并重新安装喷嘴上的热敏头。

以前的版本喷嘴具有压力头向上的喷嘴的顶面，而不是底部。时间长了堵塞杂物快得多。如果经常发生喷嘴测压点被堵塞，需要更换新款的喷嘴来有效解决这个问题。

144. 版材在主扫描方向有部分图像位移

CTP中输出的版材在主扫描方向有部分图像位移，如下示意图：

原因分析：

通过前面几个关于图像偏移等问题的诊断，我们知道，影响这些位移的关键点无非以下这些：

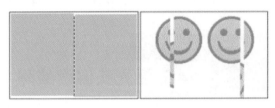

（1）优化几何套印和位移参数，也就是GC参数。

（2）检查编码器是否正常，可通过诊断编码器来判断是否是编码器的故障。

（3）清洁编码器的条码。

（4）检查主板时钟电路（需要有专业的电路知识）。

（5）检查线的连接。激光头的连线如果出现连接不良，也会造成这类故障。

（6）检查激光头是否抖动，矫正激光头的正确位置，如果偏移很大，可能是激光头的倾斜所导致的。

解决方案：

本例中，最后发现是老式的鼓编码器中的玻璃光栅有灰尘导致的，清洁后问题消失，但是老式的编码器是裸露的，用了一段时间后还会发生相同的情况，最后升级成新款的编码器后，设备再也没有发生类似的情况。

145. CTP版材显影后取版区域有手印

CTP版材显影后取版区域有手印，如下示意图：

原因分析：

如果明确是版材在输出后的手印，就可以确定事实，需要我们在操作过程中遵守规范的操作。

解决方案：

这种情况和版材本身的特性有关，主要是要求操作者规范CTP的使用，同时要保证版材是正常的。

（1）检查环境温度是否在正常的范围内；

（2）检查版材本身是否容易起手印；

（3）规范CTP操作流程；

（4）戴手套取版可解决这方面的问题。

在现在一些新的免冲洗版材中，更需要保护好版材的表面，如有轻微的汗渍都会留下印迹，所以在上保护胶水之前一定要保护好版材的表面。

146. 激光头温度故障

CTP设备在工作一段时间后报告激光头温度故障。

原因分析：

如果单纯报告激光头的温度故障，首先肯定要排除与温度相关的冷却系统，当然这一过程中需要保证CTP工作车间的温度正常，才能执行以下操作。

解决方案：

所有类型的CTP冷却系统完全是一样的，所以用这个型号来说明如何解决关于温度的问题。

（1）用命令>> carriage moveto 500将头支架移动到丝杠的中央。

（2）打开后面板，关闭设备。

（3）取出所需的面板以便够取，如下图所示：

易从容器侧面看到：

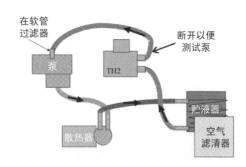

（4）检查冷却液的液位是否正确。

（5）检查连接到头部的软管，很容

（6）按住金属卡头，取下容器上的胶管。

（7）按照该软管的轨道，跟随它沿着轨道查找到头部。

（8）一旦已经确定是哪个头部。注意断开从贮水器来的软管接头：要确保断开正确的软管。该软管可连接到两个连接器。

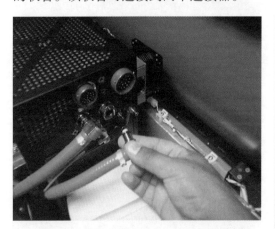

（9）打开容器和插入引流管。

（10）装上排水软管的另一端头。

（11）握住贮水器的软管，开启装

置。冷却剂将开始通过端头，并在软管中循环。

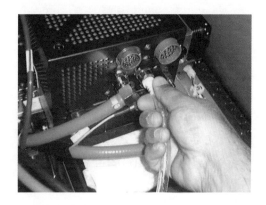

> ⚠ **警告** 必须拿住软管倒在贮水器，以防止冷却液溅出。

> 🔖 **注意** 避免让冷却液溅到眼睛、皮肤或衣物上。

如果泵工作正常，应该会看到冷却剂从头部循环到贮水器里。

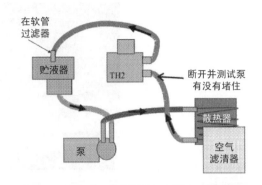

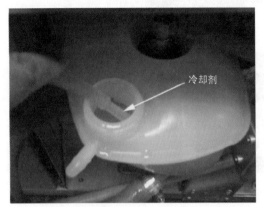

如果冷却剂不循环，泵发生故障。

> **注意** 如果断开从头部错误的软管，并把排水软管连接到错误的连接器，泵会出现故障。要诊断泵运作，需仔细检查您是否断开了正确的软管。

上为300或更低的序列号激光TH2头，头部内侧可能有障碍物。这可能是通过电解在铝冷却板导致的。要确定是否有在头部堵塞，请使用以下过程：

（1）关闭设备。

（2）拔掉头上的透明排水软管，拔掉头上的另一冷却液软管。

（3）将其他的冷却液软管断开，一端插入密闭的容器或泄漏的塑料袋。

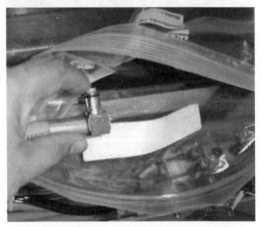

（4）打开设备，将开启冷却泵。

（5）同时将软管牢牢地放在容器末尾，按活塞释放阀，如图所示。

> **注意** 冷却液会喷到容器或袋子。如果皮肤接触到冷却剂，要立即清洗。

如果冷却液喷出来，并且软管是有压力的，则意味着TH2头堵塞住了，也就是避开激光头检查冷却管的循环情况，如果是头内部堵塞，必须更换才能解决问题。

147. 版材碎屑引起激光头的图像质量严重下降

版材碎片积聚物会引起激光头（TH2）的图像质量和功率输出的严重下降。

原因分析：

一些灰尘黏在镜头上，会引起诸如条杠或脏点的故障，因此，为了确保最终的透镜或窗口的干净，清洁是非常重要的，本例中主要讲述如何清洁激光镜头。

解决方案：

处理激光头吸嘴和镜头中的灰尘处理步骤如下：

（1）发送激光头支架到起始位置。

（2）打开Magnus 800的右侧门。

（3）使用4mm六角扳手卸下将滑架机械止动机构固定在光电机械上的两个固定螺丝。

（4）手动顺时针方向旋转丝杠，直到头到达工作位置，安装时头将自动复位。

（5）使用小手电目视检查TH2的窗口。检查是否有杂物、烧蚀粉尘、指纹和污垢。

（6）如果有任何杂物，继续执行以下步骤：

①从制版机中取出头，并将其放置在一个安全的工作表面上，除去碎片清除喷嘴。

②查看在激光镜头上是否有灰尘。

③用棉布蘸丙酮清洁镜头表面，直至干净和干燥，需要用手电多次检查。

④逆时针方向手动旋转丝杠，直到可以看到两个螺钉孔（即固定滑架的机械止动件支架上的螺钉），重新装上滑架机械止动机构。

⑤重新把头安装到设备上。

⑥手动旋转滚筒，并确认喷嘴不在LEC的任何位置。

⑦关闭设备右侧门。

完成以上步骤后做如下测试：

（1）运行KPTT文件（柯达版材目标测试文件）以验证制版机的成像质量，这个文件是专门测试机器内部的一些参数。操作人员应该清楚。

（2）如果需要的话，通过运行一个焦距（focus）系列和功率（power），重新优化激光头。

（3）运行客户的一个作业，检查图像质量的最终结果是否良好。

相信通过以上步骤的操作，设备一定能处在良好的状态下工作。

148. CTP工作时吸尘器报错管道堵塞

CTP工作时吸尘器报错管道堵塞，不同类型的主板错误号分别为27011和43011。

原因分析：

错误为：

MPE：43011 DEB：The debris collection nozzle is blocked（DEB：碎屑收集嘴堵住了）。

从报错的信息看可能存在如下问题：

（1）碎片收集嘴实际上已经堵塞住了，清除堵塞的东西。

（2）所述传感器管的碎屑收集嘴连接的压力传感器的解决方案的错误输入：该喷嘴传感器管应该总是在喷嘴的压力传感器的低电平连接。SETRA品牌传感器被标记LOW（低）和HIGH（高）。对于摩托罗拉传感器，检查输出设备的UDRC文档以获取正确的端口。

（3）喷嘴压力传感器接线错误的解决方法：检查传感器导线的连续性，寻找短路的地方。

（4）NVS参数不正确。解决方法：最新的喷嘴相关NVS参数可用Set debris命令查看，这是一个常见的问题，在装有TH2激光头的全胜装置中，由于固件的默认值都为TH1碎屑收集喷嘴，所以需要更正相关的参数。

（5）碎片吸尘风机电机具有较高的流量，导致喷嘴压力超过在固件中的设定。

解决方案：

设定的最大值，请参考不同的输出设备、鼓风机、软管UDRC配置参数变更或确定使用此程序正确的设置：

MPE中有关UDRC的设定：

（1）将小车滑架移动和旋转鼓设置成正常成像速度。

（2）使用set media x dopt（MPE）或设置版材set media x debrisoptions（MCE），以确定哪些是碎片系统的一部分，必须打开。对于选项2、4和8，只有真空必须打开；选择3、5和9，必须打开真空和喷气。

（3）碎片系统上使用以下命令：MPE：act dr on（打开吸尘电机），act dblow on（打开吹气），MCE：debris blower on（打开吸尘电机），debris airjet on（打开吹气）。

（4）运行环路测试debris x（其中，x相当于碎片选项，在第（2）步中设定）为30s，并记录报告的最大喷嘴压力。

（5）设置新pnmax（MPE）或pressmaxnozzle（MCE）的参数不是记录在第（4）步。对于MCE设备参数高10%，必须使用prm hazardous media enable，启用之前，可以改变碎片的设置。

这类问题就是需要先查找吸力是否正确，再查找对应的管道或感应部件，只要能认真对应以上的知识点，就很容易解决生产中的问题。

149. 吸尘过滤芯粉尘过多

CTP使用一段时间后报错：The particulate filter is full. You must replace the particulate filter to continue imaging (error #27010/43010)（吸尘过滤芯已满。必须更换专用过滤芯才能继续成像）。

原因分析：

在所有类型的CTP中都可能出现类似的情况，涉及的硬件是UDRC电机、滤芯、POC监控、PACC监控，设备报告过滤芯已满，无法满足CTP曝光时的需求。碎片清除微粒过滤器几乎已满，或NVS/软件参数不正确，或者安装了全新的微粒过滤器。

解决方案：

（1）过滤芯满解决方法：更换微粒过滤器和订购替换。看到在机壳的后面、用户说明书或过滤器本身的过滤器部件编号的标签，一旦过滤器满，版材完全不能曝光，就需要直接替换。

（2）不正确的NVS/软件参数解决方法：设置参数杂物或查找UDRC注册表值，将这些值与碎片清除固件参数值在流程图主参考表中说明。

（3）全新的微粒过滤器安装后该错误消息显示报错。

①清理碎屑收集喷嘴，在喷嘴压力传感孔。

②检查丢失的软管连接，或扭曲的真空收集管的长度。

③如果是UDRC-L（用化学过滤器），检查化学过滤器的顶部。应该略低于滤网白色滤纸。如果在颗粒过滤器（吹垫圈或穿刺）发生泄漏，滤纸将不再是白色（它的新的颜色取决于版材的类型），要清洁化学过滤器：

a. 用压缩空气吹掉化学滤纸上的积累。

b. 重新安装化学过滤器。

c. 检查并增加系统流量。

（4）检查UDRC主电源接入的是不是足够220V的电压。

针对不同的型号和使用不同的电机，设定如下一些参数：

GMCE/TMCE CTP设备	相关参数	推荐值/(kPa)	
		Ametec 风机1.25"和1.5" 管径	风机1.25"和1.5" 管径
Magnus VLF	Debris PressMaxNozzle	8.5	11
Lotem	Debris PressMaxNozzle	4.977	8.5
Magnus 400/800	Debris PressMaxNozzle	6.5	8.5
Trendsetter 400/800	Debris PressMaxNozzle	4.977	8.5
Trendsetter News	Debris PressMaxNozzle	4.977	8.5
Thermoflex Wide II	Debris PressMaxNozzle	4.977	8.5
Generation News	Debris PressMaxNozzle	6.5	8.5

类似这种情况在实际生产中会经常发生，无非就是以上提到的几种情况，如果能有一些相应的经验，处理这种问题是很容易的。

150. 冷却器流量太低

VLF大幅面CTP报错: `45242 Warning [Product1:Chiller flow is too low (Chiller flow sensor)]`{警告[冷却器流量太低（冷却器流量传感器）]}。

原因分析：

冷却机流量太低，同时也会带来CTP激光头的温度升高。该报告警告信息会显示在Service Shell中，TH3激光头会关闭，同时报告错误。

解决方案：

冷却器流量开关报告冷却剂流量太低。激光头电源会自动关闭，以防止过热。这可能是由于冷却器故障引起的。一种原因是冷却液压力低，另一种原因是错误的开关，或开关接线有误造成的。在某些时候可能需要更换开关套件。另一种情况是泵的声音很嘈杂，也会使压力变小，此时则需要调整泵的压力开关，调整程序如下：

（1）关闭冷水机组。

（2）拆下冷却器盖。盖子每一侧有4个螺钉。

（3）见下图。在泵的小盘滤网固定螺母下放置一些纸巾。

（4）取下过滤器固定螺母，并提取过滤器。

（5）彻底清洁滤网和更换。

（6）重新开启冷水机组，并检查运行是否正常，可能有必要重复该过程几次

（7）一旦制冷机工作正常，装回冷却器盖。

泵和电机在这个冷却系统中是分开的，当电机损坏的时候，通常建议同时更换泵，如果仅是泵坏了，只需要更换就行了，一般在出厂时泵的流量就调好了，如果压力达不到，就需要调整压力调整螺丝，根据情况和需求调就好了。

151. 外部吸尘装置断开

MPE第一代CTP报错：10064 - External debris blower not connected（外部吸尘装置断开）。

原因分析：

原因1：如果吸尘器被关闭后30s内接通，则碎片喷嘴真空传感器可能无法正确地进行校准。其结果，该真空传感器读数过低而产生的上述错误信息。出现此问题是最常见的，当一个新的曝光10min自动关机后立即启动。

原因2：可能有杂物被吸进除尘器的电机进气口。

解决方案：

解决方案1：

（1）Resume：单击Resume与响应能卸载版材，然后继续。每一个新的曝光动作都会重新出现错误信息。

（2）自动关机：让输出设备闲置，直到吸尘机自动关机（约10min）。运行新作业之前等待30s。这个暂停允许在传感器压力传感器校准发生之前稳定在正常室温的压力。

（3）诊断命令：从诊断端口输入>>dr off，立即关闭除尘机。等待30s后，确保压力恢复正常，并使用以下命令查看>>dr，看到真空读数不再变化。使用命令>>dr on重新校准传感器并启动机柜。

（4）从固件重新启动30s后启动除尘机的任何行动应允许传感器进行重新校准停止错误消息。

在一些场地，可能已被更改为低停机、低警告并停止高真空度的NVS设置，以防止错误信息。如果是，则设置应该被恢复。喷嘴的标准设置为：

```
Set sys dbls 6
Set sys dblw 10
Set sys dbhs 30
```

将已被禁用的其他设置用以下命令恢复：

```
Set sys dbin 1
Set media # abl 1
Mask off 27
```

解决方案2：从冷却进气取出堵塞。

同时也可能使用到以下命令：

set media x dopt (MPE) 或 set media x debrisoptions (MCE)确定是否打开1除尘机吹气；2、4和8打开吸气；3、5和9打开吹和吸气

（1）打开除尘机的命令。

（2）MPE类型的机器：

act dr on (打开吸气)；

act dblow on (打开吹气)。

MCE类型的机器：

debris blower on (打开吸气)；

debris airjet on (打开吹气))。

（3）设定新的压力pnmax (MPE) 或 pressmaxnozzle (MCE)高于当前参数的10%。

在更换参数之前需要输入prm hazardous media enable 才能更改设定，了解了以上的这些方法就很容易处理吸尘机的故障了。

152. 外置型CTP冷却机压力表不能正常显示

外置型CTP冷却机压力表不能正常显示，有时候压力大于40 psi。

原因分析：

当制冷机运行时，压力表读数为0。当出水软管卷曲它不改变读取数值，压力表可能有故障或堵塞。在更换压力表之前确认循环泵工作正常，如果压力表有缺陷，可先做如下检查：

（1）在机器的前面关闭冷水机主电源开关。

（2）拆下水箱盖板和水箱盖。

（3）取下短的软管束排水管。

（4）断开回水管（标入口）在冷水机组的后面（见图中的"入口"接头）。

（5）排水软管连接到返回管线，并把开口端在容器处开启（见右图）。

（6）打开冷水机，此时冷却剂应该能良好地流动。

（7）关闭冷水机组，关闭并重新连接回油管。

（8）如果冷水机组的所有其他功能正在运行，输出设备可以继续运行。

（9）必要时更换压力表。

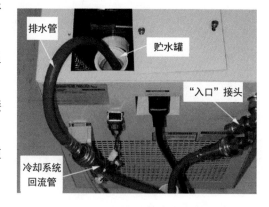

解决方案：

在NESLAB冷却器的冷却剂的压力要求比1.7激光头标准的40 psi高，到底确定压力为多少，需要做以下测试：

（1）断开冷却器出口管线。

（2）打开冷水机组，观察压力表读数。如果该表的读数大于40psi，压力调节器需要根据如下所述的步骤进行调整。

①通过卸下水箱盖或整个冷却器盖子够取压力调节器。该调节器的中端有螺丝刀插槽和一个锁紧螺母螺纹铜管轴。

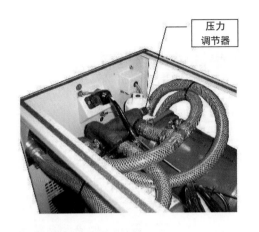

压力调节器

②松开锁紧螺母。

③随着出口管线断开，打开冷水机组，转动调节螺钉，调整压力至40 psi。

④关闭冷水机组，并拧紧锁紧螺母。

通过以上的调整，问题得到解决，一般情况下，我们不要一看到问题就认为是部件出了问题，做适当的调整就能够处理很多CTP的问题。

153. 设备输出版材发生错位情况

CTP设备有时发生错位情况，重启一下机器可能就好了，错位图像如下。

原因分析：

引起版材错位的情况有很多种，我们在前面的维修案例中也有讲述，而本例中按照之前的所有参考方法没有得到解决，进而走入了误区。在分析这个问题的时候，工程师做了如下的一些更换，这些更换虽然没有得到解决，但是给了维修人员判断问题的依据：

（1）更换过激光头。

（2）更换过MPE。

（3）更换过Fast DPE。

解决方案：

用替换法更换了一些配件后，问题没解决，也是我们认为很头疼的问题，但基本上也把问题锁定在电路板部分，于是把3块主板取下来，清洁插在机器上的金手指。清洁完成后，再用酒精清洗电路板部分的灰尘，等到所有的清洁剂挥发后，再次测试CTP的功能，发现所有的问题都没有出现，让客户观察一段时间，也没有此类情况的发生，问题得到解决。

从此例的现象看，如果出现问题只是一味地更换零件也不是最终的办法，我们在维修过程中，需要分析问题的根源，从一些经验中获取解决问题的办法，相信所有的问题都能得到解决。

154. 更换新版材后，曝光出来的版有条杠或白点

客户更换了新CTP版材后，曝光出来的版上有条杠或白点。

原因分析：

在以上的案例中，我们也分析了不少关于条杠的现象，这种现象是版材最常见的故障，如果更换的版材没有经过调整很有可能就发生这种情况，这个时候你可以依下面的程序来检查：

（1）是否有调整相关CTP机器内部的版材参数；

（2）检查显影机的三度（速度、温度、刻度，也就是时间）是否正常或在版材供应商指定的范围内；

（3）检查版材是否表面有不同于以前的情况；

（4）检查机器所使用的参数是否是默认状态。

解决方案：

版上有白点的情况，在版材质量上的可能性较大，但是我们也需要进行排查CTP机器和显影过程中的可能性，而更好地提高我们的质量，检查如下问题：

（1）没有显影之前，认真检查版材上是否有这种情况发生，如果没有显影就有白点，就一定是版材本身的原因；

（2）检查显影机的显影液使用时间，如果时间很长又更换了版材，最好也要同时更换显影液；

（3）检查显影机的毛刷是否正常，如果毛刷磨损很厉害就需要更换了；

（4）检查机器上是否有油污溅到版材上，如果有的话要检查和清洁。

其实在CTP机器的使用过程中还有很多版材故障的现象，也不外乎上面提到的这些情况，总之如果你更换了版材，就很有可能需要进行全面的调整。如果进行调整，会对机器的焦距系统以及激光系统有一定的损害，不管是CTP机器本身还是显影机，正确和规范的调整都是必要的。

155. 两台不同型号的制版机所输出的版材无法套印

客户反映现场两台CTP设备所输出的版材在印刷时有偏差，无法正确套印。

原因分析：

引起这种原因一般是由于几何校正参数体系出现了问题，在解决这个问题之前，我们只需要掌握相关的GC参数调整就可以解决这个问题。

解决方案:

本解决方案提供了一个调整程序，可用于两个制版机输出的版材需要精确的套印，且需要确认一台设备是处于客户认为是正确的状态，而调整另外一台设备的参数，本程序使用的几何校正（GC）的工具，可在Service Shell诊断软件中完成。

参数	单位	描述	缺省值
Mshift	microns	在主扫描方向移动图像的上或下（绕鼓）	On
Sshift	microns	在副扫描方向，移动图像的左或右（沿鼓）	On
Mscale	PPM	在主扫描方向上的图像缩放（绕鼓）	Off
Sscale	PPM	在副扫描方向上的图像缩放（沿鼓）	Off
Rotation	microradians	旋转图像	On

默认情况下，只有Mshift、Sshift和旋转参数将由GC工具调整。而Mscale和Sscale参数通常不需要调整。如果有必要，检查参数内容手动来执行这些GC调整。

该Mshift、Sshift、Mscale和Rotation参数的索引为每个组定位销时所使用的成像板。GC工具会选择基于销位选择正确的位置。

几何校正（GC）参数包括缩放、偏移、倾斜、旋转等参数。这些参数在诊断中会显示出来，常用的一些GC参数如下所示。

组别	参数名称	激活值	缺省值	单位
GC	Mscale	[1-2]		ppm
GC	Mshift	[1-2]		microns
GC	MshiftSlave	0	0	microns
GC	Scsale	0	0	ppm
GC	Sshift	[1-2]		microns
GC	OrthoAdjust	0	0	uradians
GC	Rotation	[1-5]		uradians
GC	TrackProfile	[1-30]		microns
GC	PinLoc	[1-4]		mm
GC	HeadSpacing	400000	400000	microns
GC	ScsanSizeMax	[1-2]		mm
GC	DrumMidPoint	575	575	mm

下面描述整台CTP机器的GC参数：

参数	缺省值	描述
set GC Mscale 1	0	Mainscan方向缩放率(用ppm单位)
set GC Mshift 1	4600	Mainscan 方向位移
set GC Sscale 1	0	Subscan方向缩放率(用ppm单位)
set GC Sshift 1	2900	Subscan方向位移
set GC OrthoAdjust	0	直角校正

续表

参数	缺省值	描述
set GC Rotation 1	−3000	在1 pin和2 pin 之间小版材的旋转值设定
set GC Rotation 2	−900	在1 pin和3 pin 之间小版材的旋转值设定
set GC Rotation 3	0	在1 pin和4 pin 之间小版材的旋转值设定
set GC TrackProfile 1	0	用微米为单位跟踪信息的校正值，跟踪长度分为50.8mm长度来进行。
set GC PinLoc 1	323	原始位的定位Pin(用mm单位)
set GC PinLoc 2	510	第二个位的定位Pin
set GC PinLoc 3	603	第三个位的定位Pin
set GC PinLoc 4	837	第四个位的定位Pin
set GC ScanSizeMax 1	330	版材比这更小的会在引脚1和2（偏离中心163.5mm）
set GC SscanSizeMax 2	559	版材比这更小的会在引脚1和3（偏离中心117mm）
set GC DrumMidPoint	575	只针对老的Spectrum设备，可以不用设定

任何参数从这个表都可以保留为默认值，但它们不能正确使用，在调整前一定要确认一台机器的GC是处于良好的状态，或者先调整好一台机器，然后用这台作为标准去调整另外一台机器的参数，就很容易完成。

术语表

air knife	分版气门，用于在版材动作时吹气，以防止两张版材无法分开。
AM	调幅网，加网时有规律、有角度的常规印刷加网方法。
artifacts	瑕疵，指版材出现问题的统称。
Autoloader	自动上版装置。
away	远端，靠近结束位置。
banding	条杠，由于外界的因素使版材产生条带状的问题版材。
bay	装载仓，存放版材的装置。
beam	光束，指光束打到某一位置的平衡点。
carriage	滑台，激光头支架、激光头滑架的通称。
carriage driver	丝杠驱动器，用于驱动丝杠动作的电路板。
CFL	克里奥功能认证，用于软硬件的功能加密，以便开通不同的功能和服务。
CTP	计算机直接制版机。
CMYK	青、品红、黄、黑，用来产生印刷色的印刷颜色。
cups	吸盘，用于抓取版材的吸嘴。
densitometer	密度计，测量纸张或菲林发出的光或反射的光总量的设备。用于检查输出的精确性、质量和稳定性。
dent	压痕，版材或胶辊产生的压痕。
dot gain	网点增益，一种印刷缺陷，印刷出来的网点比应有值大，造成色调变暗及颜色变深。
drop	版材跌落，指工作时版材抓取后脱落的情形。
drum	成像鼓，输出设备里面的一个部件，版材装载于其上以供激光成像。
drum driver	鼓驱动器，用于驱动鼓的装置
dual-bay	双版盒，可以有两个存放版材的装置盒。
dual-plate	双版装置，用于同时抓取两张版材的动作。
engine	引擎、主机，CTP的主体部分。
error	错误消息。发生系统操作错误时，Print Console会显示错误消息并关闭系统。必须先解除故障，才能再继续常规操作。

exit door	退版门，用于在版材推出机器时打开的门。
exposure head	成像头，CTP中的核心部件，用于成像，分别有1.0、1.7、2.0、2.5等不同的版本。
file	文件。使用PostScript语言对一个或多个图像的电子文本描述。Trendsetter VLF目前不支持含有多个PostScript showpage运算符的文件。
firmware	固件，用于执行CTP的底层和运行层的相关程序。计算机代码存储在只读存储器(ROM)或可编程ROM(PROM)中。比硬件容易更改，但是比磁盘上存储的软件难更改。在系统打开时，固件通常对系统的行为负责。
FM	调频网，用于更加精细的无规律、无网点角度的印刷，最小可用到10μm。
GC	几何参数，通常是调整机器的套印而用到的一组参数。
GMCE	主控电路，指新型的带有千兆网通过网络执行命令的主板。
hipot	耐压测试，用于测试高压下的机器反应。
home	近端，靠近起始位置。
hotlink	高速光纤数据线，用于传输文件或测试文件。
image	图像，在Trendsetter VLF中，指的是绘制到印刷版材上的电子位图。输出设备从工作站接收图像，然后生成已曝光、但未显影的印版。
imposition	拼版，一种排列印刷品正反面的版面以确保印刷品在折页和裁切后内容有序的方法。
input channel	输入方法，用来在工作站软件和拼版工作站之间通信的一种通道。也称为输入通道或输入机制。
jitter	颤动，版材上有抖动问题。
laser exposure	激光曝光，指的是对于特定版材类型，成像头应设置的激光功率值。另请参见版材类型。
LEC	夹压片，通常指头夹。
manifold	气缸集成组件，连接一组共用的气阀。
margin	页边距，用于调整版材前后左右的起始位置。
media	版材，绘制图像的物理材料（印版）。
版材对齐标签	用来校正版材位置的胶带标记。
版材类型	指的是特定类型的印版或胶片。版材类型通常由服务代表在安装输出设备时进行配置。
版材索引	用于标识要用于特殊作业或文件的校准曲线。
MSDS	材料安全数据表。此文档由版材制造商发布，它包含有关具体版材

	类型的危害信息。
NVS	CTP可存储参数，用于存放设备所有的信息和参数。
offset	补偿，指激光头焦距的偏移值，有时候也指版材在机器位置上的偏移。
原始应用程序文件	使用排版应用程序（如QuarkXPress®）创建的作业文件。
overlap	重合度，用于检测设备和成品的一致和重合性。
output device	输出设备，作为印版记录机、打样机或照相排字机一部分的成像系统。
page buffer	页缓冲区，磁盘上用来存储已解释输出的页面的文件（在打印或预览之前）。根据运行工作站软件的页缓冲区模式，页缓冲区可以驻留在磁盘上以进行重新报告或在打印后删除以节省硬盘上的空间。也称为PostScript平面的已解释光栅图像。
页面拼版	将几个页面打印到一张版材上以最低限度地降低所需要的裁切数量。
page setup	页面设置。工作站软件中的页面规格信息，包括分辨率和方向等。
particulate filter	微粒过滤器。包含用于捕获成像时释放的微粒碎片的多孔材料。
pattern	图案，用于检测印版的质量所用到的不同类型的图案。
PDB	电源分配板，用于分配CTP机器中的所有电源。
PDF	Adobe便携式文档格式（Portable Document Format），是一种跨平台的文件格式，可用于存储线条稿、图像及文字（包括所有需要的字体）。
picker	版材拾取装置（拾取器）。
pixel	像素，一个激光网点的宽度，激光通过光阀后一般能产生的240个像素。
plate	印版，一种物理版材，图像在上面曝光。Trendsetter VLF为它接收的每个图像生成一个曝光印版。另请参见版材(media)。
获取印版	在印版上成像时，网目调网点的有效区域中的网点变化。其产生原因是：a)工作站软件至印版的网目调网点区域中发生变化，b)不带油墨的"平滑边缘"网目调网点的边缘处有乳化剂。
印版显影机	可以配合Trendsetter VLF使用、使印版显影的一种设备。也称为显影器(developer)。
印版类型	指的是版材类型、版材尺寸和厚度。
platform	装载平台，用于装载版材的平台。
Postscript	由Adobe公司开发的一种描述类型和视觉元素的页面描述语言，可通过带有PostScript解释程序的设备输出这些类型和元素。
Postscript file	Postscript文件。用页面描述语言编写的文件，由原始应用程序文件创建。

PPD file	PPD文件，PostScript打印机描述文件。含有与特定Postscript输出设备相关的参数和选项等信息的一种计算机文件，例如Trendsetter VLF。
PPX file	PPX文件，类似于PPD文件，是在生成PPD文件时自动创建的。PPX文件包含Preps拼版软件使用的打孔位置信息。
预分色PostScript文件	PostScript文件包含单色图像的信息，任何专色都需要一个附加的预分色PostScript文件。例如，要生成最终的四色图像，需要四个预分色的PostScript文件。一个文件包含青色图像的相关信息、一个包含品红图像的相关信息、一个包含黄色图像的相关信息，还有一个包含黑色图像的相关信息。
Preps	拼版软件包，用于商业和包装拼版软件。
Prinergy	印能捷流程，执行RIP工作具备智能工作的运算程序。
Print Console	将文件递交给输出设备进行成像的设备控制软件，Print Console创建PostScript文件的光栅图像——PostScript等级3软件RIP（光栅图像处理器）。用于创建在版材上曝光的图像的软件RIP PostScript文件。
pusher	推版器，用于推动版材动作。
ramp	推版坡道，用于进入和退出版材时的辅助功能。
raster	光栅，以像素乘像素为单位在行和列中定义的数字化（位图）图像。另请参见RIP。
registration	套准，对齐版材上用来生成打印图像的已绘制的分色。
resolution	分辨率，指的是各类输出设备每英寸上可产生的点数。分辨率是再现图像的详细程度，通常以每英寸点数(dpi)或每英寸线数(lpi)为单位。分辨率越高，生成的图像就越细致。
roller	胶辊，用于压住版材的辊子。
rotator	旋转器，推版时把版材旋转90°。
RGB	计算机显示器以红色、绿色和蓝色的多少显示色彩的色彩模型。
RIP	光栅图像处理器（Raster Image Processor）。从PostScript文件创建位图图像，后者随后被发送到输出设备进行成像。
scale	缩放，图像在版材中的大小调整。
screen angle	加网角度，制作加网图像以进行网目调打印时，设置网目调加网的角度，合理的加网角度可以减少龟纹出现。
SCSI	小型计算机系统接口（Small Computer System Interface），在Trendsetter VLF上，使用这种类型的连接将图像数据从工作站发送至输出设备。

separation	分色，指文件中的一种颜色或一层。可将分色与菲林对比；每种颜色只有一张胶片。例如，一个基本的CMYK作业需要四张胶片（即四个分色版）。每种专色均有各自的胶片（各自的分色版）。如果一个作业有多张黑色胶片，则需创建多个黑色分色版。作业的所有分色版均必须互相套准。
separate arm	分版臂，用于防止两张版材同时被抓取的分版机构。
shift	偏置，版材和图像之间关系的调整。
single-broadsheet	侧取四开版，用于多张版材的装置。
spot color	专色。需要特殊墨水的颜色，也就是说，不能用处理颜色创建的墨水。
spread	扩展。将较小的边框打印到图形边缘的外侧，使其看起来大一些。通常会将扩展和内缩用作陷印的一部分以防分色板发生套准偏差。
stroke	光列输出功率，激光最终检测后所输出的功率值。
submit	提交。在Print Console中，此处理会将文件放在队列中等待成像。
suspended condition	暂停条件。一种阻止输出设备继续对版材成像的条件。
swath	光列，指一束照到版材上的激光
SWOP	SWOP交换。卷筒纸胶印出版物的规格。
Table	卸版平台，用于带有自动装版的CTP。
TEC	尾夹压片，通常指尾夹。
tilt	倾斜、斜角，指激光头安装时倾斜。
TPA	用于工程师测试版材和参数的工具软件，内嵌在安装程序中。
Trendsetter VLF	计算机直接制版印版记录机，可以处理大型版材。它包含工作站、输出设备、Print Console和碎片清除系统。
UDRC	通用碎片清除柜，是碎片清除系统的主要组件。它由过滤器室、塑料外壳、过滤器、吹风机和电气控制组成。
UPS	不间断电源（Uninterruptible Power Supply）。用于电源故障时临时向工作站提供电力的设备。
VMR	光栅，CTP中的4800-9600dpi调整用于3D及光栅的技术。
workstation	工作站。运行Windows NT操作系统和Print Console的高速计算机。它是一种能够提供操作控制台、队列管理、光栅图像处理器(RIP)和系统控制的计算机。计算机与局域网(LAN)连接，并通过局域网接收PostScript文件。
工作站软件	通常是指Print Console、XPO类的接口软件。
wrist	取版腕，拾取版材时弯曲动作。